Bases de la technologie multimédia

李 婷 吕建红 王寅龙 主编
苏凤娟 吕 莹 刘笑飞 译

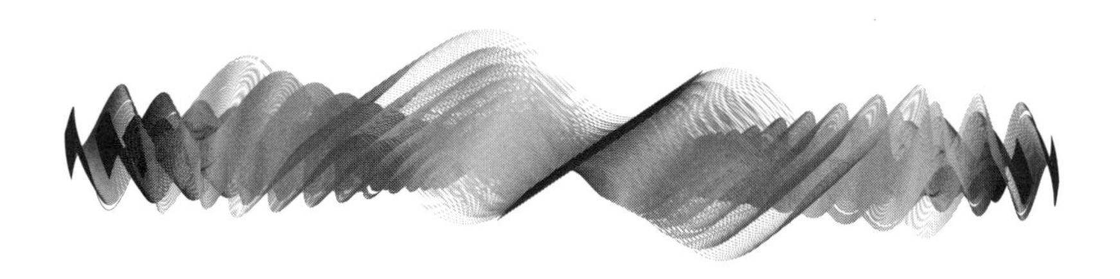

華中科技大學出版社
http://press.hust.edu.cn
中国 · 武汉

Introduction

La technologie multimédia est une technologie d'application informatique bien pratique, sa maîtrise rend de grands services dans notre travail et notre vie quotidienne.

Le premier chapitre est destiné à présenter les bases de la technologie multimédia, y compris les concepts relatifs et les données multimédia couramment utilisées. Le deuxième chapitre a pour objectif de présenter les connaissances sur le traitement d'images numériques, y compris le principe d'imagerie des images numériques, le redressement, l'amélioration et la correction des images numériques, la fusion des images numériques. Le troisième chapitre implique le traitement audio numérique, y compris les connaissances de base, l'enregistrement et le montage de fichiers audio, le traitement des effets audio. Le quatrième chapitre implique le traitement vidéo numérique, y compris les connaissances de base, l'édition de données vidéo, l'ajout des effets et des sous-titres, la sortie de fichiers vidéo. Le cinquième chapitre prend le logiciel PowerPoint comme exemple pour présenter les connaissances sur des logiciels de plate-forme multimédia, y compris les types et les fonctions des logiciels de plate-forme multimédia, les principales applications des données multimédia dans le logiciel PowerPoint, et les principales techniques de la création des présentations dans PowerPoint.

图书在版编目(CIP)数据

多媒体技术基础:法文/李婷,吕建红,王寅龙主编;苏凤娟,吕莹,刘笑飞译. —武汉 :华中科技大学出版社,2023.5

ISBN 978-7-5680-8897-8

Ⅰ. ①多… Ⅱ. ①李… ②吕… ③王… ④苏… ⑤吕… ⑥刘… Ⅲ. ①多媒体技术-法文
Ⅳ. ①TP37

中国国家版本馆 CIP 数据核字(2023)第 058689 号

Bases de la technologie multimédia

李 婷 吕建红 王寅龙 主编
苏凤娟 吕 莹 刘笑飞 译

策划编辑:张 玲
责任编辑:张 玲
封面设计:杨小勤
责任校对:曾 婷
责任监印:周治超
出版发行:华中科技大学出版社(中国·武汉) 电话:(027)81321913
武汉市东湖新技术开发区华工科技园 邮编:430223
录 排:华中科技大学惠友文印中心
印 刷:湖北新华印务有限公司
开 本:787mm×1092mm 1/16
印 张:9.75
字 数:326 千字
版 次:2023 年 5 月第 1 版第 1 次印刷
定 价:59.80 元

Préface

La technologie multimédia est le produit synthétique de la technologie informatique et des besoins sociaux. Au début du développement informatique, les gens utilisaient les ordinateurs pour des fins militaire et industrielle, traitant des problèmes de calcul numérique. Au fur et à mesure du développement informatique, en particulier de celui des matériels informatiques, les gens ont commencé à représenter et à traiter des images ou des graphiques avec les ordinateurs, faisant les derniers refléter plus authentiquement les choses naturelles et les résultats algorithmiques.

Le livre, qui vise à combiner la théorie et la pratique tout en mettant l'accent sur la pratique et l'application, sert à développer essentiellement la capacité d'utiliser et de traiter les données multimédia. Le livre, composé de cinq chapitres, consiste en les connaissances de base de multimédia, le traitement d'images numériques, le traitement audio numérique, le traitement vidéo numérique, l'utilisation des données multimédia basée sur le logiciel de plateforme PowerPoint. Le livre est rédigé par Li Ting (les Chapitres 1, 2, 3, 4), Lv Jianhong (le Chapitre 5) et Wang Yinlong (le Chapitre 3), traduit par Su Fengjuan (les Chapitres 1, 2, 5), Lv Ying (les Chapitres 3, 4) et Liu Xiaofei (les Figures du livre). Nous tenons à remercier tous les experts et professeurs pour leur aide et soutien dans la rédaction et la traduction du livre.

Ce livre, avec son contenu approfondi mais facile à comprendre, est un ouvrage axé sur l'application et le développement des compétences. Vu le niveau limité du groupe éditeur et traducteur et le manque de temps, il est inévitable d'avoir des omissions ou des inexactitudes, les lecteurs sont toujours priés de nous les indiquer et de nous donner des conseils précieux.

Veuillez numériser le code QR pour accéder aux ressources de soutien à ce livre.

Ressources de soutien

Table des matières

Chapitre 1

Premières découvertes de la technologie multimédia

Section 1 La technologie multimédia et le système multimédia

Ⅰ. Les médias

1. Signification des médias

Les médias, conventionnellement, désignent les moyens qui permettent de représenter et de diffuser une information à un public. Le média est un intermédiaire pour communiquer et échanger des pensées, des idées ou des opinions entre les personnes, comme les journaux, la radio, la télévision et les magazines dans la vie quotidienne. Dans le domaine de la science informatique, les médias ont deux significations: l'une, média de stockage, est l'entité physique qui stocke des informations et permet leur transport, comme les disques magnétiques, les disques optiques, la mémoire à semi-conducteurs, les bandes vidéo, les livres, etc. ; l'autre est le support média pour afficher des informations, comme chiffres, textes, sons, graphiques, images, vidéos et animations, etc. Les médias mentionnés dans la technologie multimédia font généralement référence à ce dernier.

2. Classification des médias

Au fur et à mesure du développement de la technique, les médias sont capables de stocker de nouveaux contenus. Selon la définition proposée par le secteur de la normalisation des télécommunications de l'Union internationale des télécommunications (l'UIT-T, anciennement le Comité consultatif international du téléphone et du télégraphe CCITT), les médias se classent selon les cinq groupes suivants.

(1) Médias de perception

Les médias de perception font référence à un groupe de médias qui peuvent agir directement sur les sens de l'homme tels que l'ouïe, la vue et le toucher, etc. , permettant aux gens d'avoir directement des sensations ou des perceptions, les médias du genre sont, par exemple, les langues, la musique, les sons, les graphiques et les images.

(2) Médias de représentation

Les médias de représentation font référence au média intermédiaire des médias de perception, il s'agit d'un type de média qui est artificiellement recherché et construit pour traiter, transformer et transmettre des médias de perception, c'est-à-dire le codage utilisé pour l'échange de données, c'est la représentation numérique des médias de perception après la numérisation, comme le codage de la voix et le codage de l'image, etc. La construction de supports de représentation a pour but de transmettre plus efficacement les médias de perception de l'un à l'autre, ce qui rend le traitement et la transformation des données plus pratiques. Les médias de représentation possèdent différentes méthodes de codage, par exemple, le code ASCII pour le texte; la modulation par impulsion PCM pour l'audio; le format d'enregistrement et l'algorithme de décodage JPEG pour une représentation numérique compressée d'une image fixe; la norme de codage et de compression MPEG pour le traitement et le codage des images en mouvement; les systèmes de codage télévision tels que PAL, NTSC, normes SECAM pour les vidéos.

(3) Médias de présentation

Les supports de présentation, également appelés supports d'affichage, sont les équipements physiques qui permettent de saisir les supports de perception dans un ordinateur ou d'afficher les supports de perception via un ordinateur. Plus précisément, il s'agit des périphériques d'entrée et de sortie de l'ordinateur qui acquièrent et restaurent les supports de perception, tels que claviers, caméras, moniteurs et haut-parleurs, etc.

(4) Médias de stockage

Les supports de stockage font référence aux périphériques physiques qui stockent les informations des médias de présentation, c'est-à-dire, les supports qui stockent les codes numérisés des médias de perception sont appelés supports de stockage, comme disques durs, CD-ROM, cassettes, disques compacts, disques optiques, papiers, etc.

(5) Médias de transmission

Les supports de transmission entendent tous les moyens par lesquels on peut conduire les supports de présentation ou un signal, comme les câbles coaxiaux, les fibres optiques, les paires torsadées et les ondes électromagnétiques, etc.

Parmi les supports susmentionnés, les supports de présentation jouent le rôle noyau, le traitement des informations d'un ordinateur est le processus de traiter les supports de présentation.

Selon la relation entre les médias de représentation et le temps, les médias de représentation sous différentes formes peuvent se diviser en médias statiques et médias continus. Les médias statiques s'agissent de la reproduction d'informations et n'ont rien à voir avec le temps, tels que le texte, les graphiques, les images, etc. ; les médias continus ont une relation implicite avec le temps, car leur vitesse de lecture va affecter la représentation des informations, telles que le son, l'animation, la vidéo, etc.

Du point de vue de l'interaction homme-ordinateur, les médias peuvent être divisés en quelques grands groupes comme médias visuels, médias auditifs et médias tactiles, etc. Dans le système de perception humaine, les informations visuelles représentent plus de 60%; les informations auditives environ 20%; en outre, il y a le toucher, l'odorat et le goût, etc., qui sont responsables de l'obtention du reste des informations.

Ⅱ. Multimédias

Le terme multimédia désigne des performances associant plusieurs médias, c'est le résultat du traitement et de l'application synthétiques de plusieurs médias. En résumé, il s'agit des performances de multiples médias, de l'action de multiples organes de sens, du soutien de multiples types d'appareils, du croisement de multiples disciplines et de l'application dans multiples domaines.

Le multimédia a pour essence de numériser les informations médiatiques sous diverses formes de présentation, et puis d'utiliser des ordinateurs pour traiter ou gérer les informations médiatiques numériques, formant un tout organique grâce à des liens logiques et réalisant en même temps un contrôle d'interaction, afin de mettre les informations à la disposition des utilisateurs d'une manière conviviale.

Voici quelques principales différences entre le multimédia et les médias traditionnels: les informations multimédiatiques sont des informations numérisées, tandis que les informations sur les médias traditionnels sont essentiellement des signaux analogiques; les médias traditionnels permettent uniquement aux gens de recevoir des informations de façon passive, tandis que le multimédia peut permettre aux gens d'avoir des interactions avec les médias informatiques. Les médias traditionnels sont généralement sous une forme unique, tandis que le multimédia s'agit de l'intégration organique des informations de deux ou plus de médias différents.

Ⅲ. Technologie multimédia

1. Signification de la technologie multimédia

En règle générale, la technologie multimédiatique mentionnée par les gens est souvent associée aux ordinateurs. Basée sur la technologie informatique et combinée avec plusieurs autres technologies comme la communication, la microélectronique, le laser, la radiodiffusion et la télévision, etc., la technologie multimédia est destinée à traiter de manière intégrante et interactive les informations multimédiatiques. Plus précisément, la technologie multimédiatique prend les ordinateurs (ou la puce de micro-traitement) comme noyau, et numérise de manière intégrante les diverses informations multimédiatiques telles que le texte, les graphiques, les images, l'audio, la vidéo et les animations via l'ordinateur, permettant d'établir des liens logiques entre les informations de divers médias et de les intégrer en un système interactif. Le « traitement de manière intégrante » ici mentionné implique principalement la collection, la compression, le stockage, le contrôle, l'édition, la transformation, la décompression, la lecture et la transmission de ces informations médiatiques, le terme multimédia est au sens large la technologie multimédia.

2. Caractéristiques de la technologie multimédia

Du point de vue de la recherche et du développement, la technologie multimédia présente cinq caractéristiques fondamentales telles que la diversité, l'intégration, l'interactivité, le temps réel et la numérisation, les cinq caractéristiques fondamentales constituent également les cinq problèmes fondamentaux auxquels la technologie multimédia doit faire face.

(1) Diversité

La diversité fait référence à la diversification des types de supports et des technologies de traitement. La technologie multimédia implique les informations diversifiées et les supports d'informations aussi diversifiés. Une variété de supports d'informations offre des moyens plus flexibles et un espace libre plus large pour l'échange d'informations. La diversité couvre les deux aspects suivants.

Premièrement, la diversification des supports d'informations, qui comprennent les disques magnétiques, les disques magnéto-optiques, les disques optiques, les sons, les graphiques, les images, les vidéos, les animations, etc. La capacité de l'ordinateur en matière de traiter et de reproduire diverses informations sans distorsion doit être améliorée.

L'autre aspect de la diversité fait référence au fait que lorsque les multimédias des ordinateurs traitent les informations d'entrée, ils ne se limitent pas à obtenir et à reproduire des informations, mais aussi échanger, combiner et traiter des informations médiatiques telles que du texte, des graphiques et des animations basées sur la créativité des gens, afin d'enrichir le pouvoir expressif de la création artistique et de parvenir à des effets vifs, souples et naturels.

La diversification se réfère non seulement à l'entrée de multiples informations, c'est-à-dire à l'acquisition d'informations, mais se réfère également à la sortie des informations, soit à la présentation d'informations. L'entrée et la sortie ne sont pas nécessairement les mêmes. Si elles sont identiques, cela s'appelle enregistrement ou lecture des informations. Si les données d'entrée sont traitées, combinées et transformées, on parle de la création, laquelle rend les informations plus expressives, permettant aux utilisateurs de recevoir les informations de manière plus précise et plus vivante. Cette forme a été largement utilisée dans l'art cinématographique et télévisuelle du passé, et maintenant, elle est également appliquée à la technologie multimédia.

(2) Intégration

L'intégration se manifeste principalement sous deux aspects, à savoir l'intégration de multiples supports d'information et l'intégration de technologies et d'équipements logiciels et matériels qui gèrent ces supports. Dans le système multimédia, les diverses informations ne sont pas collectées ni traitées d'une seule manière comme dans le passé, mais elles sont collectées, stockées et traitées en même temps et de manière unifiée par plusieurs canaux, en mettant l'accent sur la coordination entre les différents supports et la mise en valeur de la grande quantité d'informations contenues. En termes de matériel, le système matériel multimédia(y compris CPU à haute vitesse, parallèle et capable de traiter les informations multimédias, les périphériques et les interfaces d'entrée et de sortie multicanaux, les interfaces réseau de communication à large bande et la mémoire de grande capacité, etc.) intègre tous les périphériques matériels dans un système unifié. En termes de logiciel, c'est au système d'exploitation multimédia de gérer le système logiciel pour le développement et la production multimédia, les logiciels d'application multimédia efficaces et les logiciels outils de création, etc. Les matériels et logiciels du système multimédia sont intégrés dans un système d'informations capable de traiter les supports d'information divers et complexes avec le soutien du réseau.

(3) Interactivité

L'interactivité fait référence au contrôle et à l'utilisation efficaces des informations par divers moyens, permettant à toutes les parties impliquées (que ce soit l'expéditeur ou le destinataire) de les éditer, contrôler et transmettre. En plus de la facilité de commande (par clavier, souris, écran tactile, etc.), le traitement intégré des médias peut également se réaliser à volonté. Lorsque les gens entrent pleinement dans un monde virtuel de l'information intégré à l'environnement informatique, une interaction de tous azimuts les plongent dans un monde artificiel, mais très proche de la réalité, voilà le stade avancé des applications interactives, cette technologie est appelée technologie de réalité virtuelle.

(4) En temps réel

Comme les sons et les images vidéos en mouvement sont des médias continus étroitement liés au temps, la technologie multimédia doit prendre en charge le traitement en temps réel.

(5) Numérisation

L'ordinateur est l'équipement clé pour le traitement des informations multimédias, pour cela les informations sous différentes formes de médias doivent être numérisées, ce que l'ordinateur peut comprendre sont des choses numérisées, c'est-à-dire des données représentées par une série de nombres binaires (0, 1).

Après la numérisation de diverses informations multimédias, l'ordinateur peut les stocker, traiter, contrôler, éditer, échanger, consulter et rechercher. Par conséquent, les informations multimédias doivent être absolument des informations numérisées. Les médias numériques composés de flux binaires diffusent des informations par le biais des ordinateurs et des réseaux, ce qui a transformé la relation traditionnelle entre les diffuseurs d'informations et le public, tout en modifiant la composition et la structure de l'information, le processus, la méthode et l'effet de diffusion.

Ⅳ. Système multimédia

Il s'agit d'un ensemble organique composé de logiciels, de systèmes de services multimédias et de données multimédias relatives. Le système multimédia est un système de traitement d'informations multidimensionnel qui tend à être humanisé. Il prend comme noyau le système informatique et met en relief la technologie multimédia pour réaliser le traitement général, comme la collection, la compression et l'encodage de données, le traitement en temps réel, le stockage, la transmission, la décompression, la restauration et la sortie des informations multimédias(y compris texte, son, image, graphique, vidéo, animation, etc.), en offrant à la fois une interaction homme-ordinateur conviviale.

Avec le développement rapide des réseaux informatiques et de la technologie multimédia, les systèmes multimédias se sont progressivement transformés en systèmes multimédias en réseau qui obtiennent des services et communiquent avec le monde extérieur via le réseau.

En raison de la diversité des données multimédias, les matériaux originaux se trouvent souvent dans des espaces et des temps différents, ce qui fait de la création et de la gestion des bases de données multimédias distribuées, ainsi que de la communication multimédia les technologies critiques des systèmes informatiques multimédias.

Les ressources multimédias possèdent certaines propriétés spécifiques. Par conséquent, les systèmes multimédias doivent souvent faire appel à des technologies spécialisées, telles que la représentation et la compression informatiques multimédias, la gestion des bases de données multimédias, les modèles de description logique multimédia, la technologie de stockage de données multimédias et la technologie de communication multimédia, etc.

Vu les tendances actuelles du développement et de l'application des systèmes multimédias, ils peuvent se diviser en deux catégories: système de développement ayant double fonction d'édition et de lecture, qui convient aux professionnels pour créer des produits logiciels multimédias; système d'application multimédia pour les utilisateurs réels.

Section 2　Éléments de base de l'information multimédiatique

À l'heure actuelle, l'information multimédiatique dans l'ordinateur recouvre diverses formes de base du texte, des graphiques, des images, des compositions audio, vidéo et animation, etc. Ces formes de base informatiques sont également appelées éléments de base de l'information multimédiatique.

Ⅰ. Texte

Le texte est une présentation exprimée par des mots, des chiffres et des symboles divers. C'est la forme média la plus utilisée dans la vie réelle et il consiste principalement à décrire des connaissances.

Il existe deux formes principales de texte: le texte formaté et le texte non formaté. Dans un fichier texte, s'il n'y a que des informations textuelles, sans aucune autre information relative au format, il est appelé un fichier texte non formaté ou un fichier texte brut; un fichier texte avec des informations de format telles que la mise en page du texte est appelé un fichier texte formaté. Le contenu du texte est organisé en ordre linéaire. Le traitement des informations textuelles est le traitement d'information le plus basique. Le texte peut être produit dans un logiciel d'édition de texte, par exemple, la plupart des fichiers texte édités dans des outils d'édition comme Word peuvent être saisis dans les applications multimédias, ou il peut être directement créé dans un logiciel graphique ou un logiciel d'édition multimédia.

Ⅱ. Graphiques

Les graphiques signifient diverses figures régulières dessinées par un logiciel de dessin informatique à partir de points,de lignes,de surfaces jusqu'à un espace tridimensionnel,telles que des lignes droites, des rectangles, des cercles, des polygones et d'autres figures géométriques qui peuvent être représentées par des angles,des coordonnées et des distances.

Seul l'algorithme de génération du graphique et certains points caractéristiques du graphique sont enregistrés dans le fichier graphique,il est donc également appelé diagramme vectoriel. Un logiciel qui crée des graphiques en lisant les instructions et en les convertissant en formes et couleurs affichées à l'écran est généralement appelé un programme de dessin. Lorsque l'ordinateur fait la sortie, les points caractéristiques adjacents liés par plusieurs courtes lignes droites spécifiques forment une courbe. Si la courbe est fermée,un algorithme de coloration peut être utilisé pour remplir la couleur. Les graphiques ont le plus grand avantage de pouvoir contrôler et traiter chaque partie du graphique séparément, comme le déplacement,la rotation,le zoom avant,le zoom arrière et la déformation sans distorsion sur l'écran. Différents objets peuvent se chevaucher sur l'écran en conservant leurs particularités respectives,et ils peuvent se séparer en cas nécessaire. Par conséquent,les graphiques sont principalement utilisés pour représenter des dessins filaires, des dessins techniques, des caractères artistiques,etc. La plupart des logiciels de CAO(CAD en anglais, computer aided design) et de modélisation 3D utilisent des graphiques vectoriels comme format de stockage basique.

Les formats graphiques vectoriels couramment utilisés sont 3DS(pour la modélisation 3D),DXF(pour la CAO),WMF(pour la PAO),etc. La clé de la technologie graphique est la production et la reproduction des graphiques. Seuls les algorithmes et les points caractéristiques sont sauvegardés pour les graphiques, ils occupent pour cela moins d'espace de stockage par rapport à la grande quantité de données des images. Cependant,chaque fois qu'un graphique s'affiche à l'écran,il faut refaire les calculs. De plus,les graphiques ont une bonne qualité lors de l'impression et du zoom avant.

Ⅲ. Images

Les images ici mentionnées font référence aux images fixes. L'image peut être capturée dans le monde réel ou produit de façon numérisée par un ordinateur. L'image est décrite point par point. Les points d'une image sont appelés des pixels. Chaque pixel est décrit par un nombre binaire indiquant sa couleur et sa luminosité.

Les graphiques et les images constituent deux concepts différents dans le domaine multimédia, ils ont les principales différences suivantes.

① Les principes de constitution sont différents. Les graphiques ont pour éléments de base des primitives,comme lignes,points,plans et d'autres éléments;les éléments de base des images sont des pixels,une image bitmap peut être considérée comme une matrice composée de pixels.

② Les méthodes d'enregistrement des données sont différentes. Le graphique stocke la fonction de dessin tandis que l'image stocke les informations d'emplacement, de couleur et d'obscurité des pixels.

③ Les opérations de traitement sont différentes. Les graphiques sont généralement édités avec le programme Draw, et des graphiques vectoriels sont générés. Des opérations comme le déplacement, la rotation, le zoom avant, le zoom arrière et la déformation, etc. peuvent s'effectuer sur les graphiques vectoriels et les primitives. Les principaux paramètres des graphiques comprennent des instructions et des paramètres qui décrivent la position, la dimension et la forme des primitives graphiques. Les images sont généralement éditées avec un logiciel de traitement d'image (Paint, Brush, Photoshop, etc.), il s'agit principalement du traitement et de l'édition habituels des fichiers bitmap et des fichiers de palette correspondants. Il est impossible de contrôler et de transformer une certaine partie de l'image. Comme le bitmap occupe généralement un grand espace de stockage, la compression des données est généralement nécessaire. Les graphiques ne seront pas déformés lors de la mise à l'échelle et peuvent s'adapter à différentes résolutions, tandis que l'image sera distordue lors de la mise à l'échelle, l'image est composée de nombreux pixels.

④ Les vitesses de traitement et d'affichage sont différentes. L'affichage des graphiques est effectué selon la séquence des primitives, un logiciel particulier est utilisé pour convertir les instructions décrivant les graphiques en formes et couleurs à l'écran, ce processus prend un certain temps. L'image peut s'afficher directement et rapidement sur l'écran, elle consiste à distinguer l'objet en fonction de la résolution de l'image, puis à présenter les informations de chaque point de manière numérisée.

⑤ Pouvoirs expressifs différents. Les graphiques sont utilisés pour décrire des objets aux contours moins complexes et aux couleurs moins riches, tels que les figures géométriques, les dessins techniques, la CAO et la modélisation 3D, etc. L'image permet aux objets comme photos et dessins, etc. d'exprimer de nombreux détails (tels que les changements de luminosité ou d'obscurité, des scènes complexes et des contours colorés). Certaines images complexes peuvent être traitées par des logiciels éditeurs d'image pour obtenir des images plus claires ou produire des effets particuliers.

Ⅳ. Audio

L'audio fait référence aux signaux d'ondes sonores en constant changement avec une fréquence qui varie entre 20 Hz et 20 kHz. Un son est caractérisé par trois éléments, sa hauteur, son intensité et son timbre. La hauteur est liée à la fréquence, l'intensité à l'amplitude et le timbre est déterminé par les harmoniques mélangées dans le son fondamental. Du point de vue d'utilité, les sons peuvent se diviser en trois formes, la phonétique, la musique et les effets sonores synthétiques; du point de vue du traitement, ils peuvent se diviser en audio de forme d'onde et audio MIDI.

1. Audio de forme d'onde

L'audio de forme d'onde est une représentation numérique des ondes sonores, c'est-à-dire que des équipements spéciaux comme la carte son sont utilisés pour échantillonner, quantifier et encoder des ondes sonores telles que la phonétique, la musique et les effets sonores, et les convertir en forme numérique, les compresser et stocker, puis les décoder et restaurer en forme d'ondes sonores lorsqu'on les utilise.

2. Audio MIDI

Le MIDI (en anglais Musical Instrument Digital Interface) est l'interface numérique permettant à des instruments de musique électroniques de communiquer. La technologie MIDI a été initialement appliquée aux instruments de musique électroniques pour enregistrer les effets de jeu du joueur. Après l'introduction de la carte son prenant en charge la synthèse MIDI, il est officiellement devenu un format audio numérique pour les ordinateurs. Le MIDI est donc un format audio de séquences numériques qui enregistre des partitions musicales et des notes, avec un très petit volume de données.

L'audio MIDI est différent de l'audio de forme d'onde, le premier n'échantillonne, ni quantifie ni encode les ondes sonores, mais il enregistre les informations de performance de l'instrument de musique électronique (y compris les noms des touches, la vélocité et la durée de temps, etc.). Ces informations sont appelées messages MIDI, qui sont une description numérique des partitions musicales. Un fichier MIDI correspondant à un morceau de musique n'enregistre aucune information sonore, il contient uniquement une série de messages MIDI qui produisent de la musique. Il suffit de lire les messages MIDI pour produire les ondes sonores de l'instrument de musique requise et les faire sortir après une amplification.

L'intégration de signaux audio dans le multimédia peut produire des effets qu'aucun autre média ne peut obtenir. Cela peut non seulement animer l'ambiance, mais également renforcer le dynamisme. Les messages audio améliorent la compréhension des informations exprimées dans d'autres types de médias.

V. Vidéo

La vidéo fait référence au signal d'image en mouvement continu obtenu à partir de périphériques de sortie vidéo tels que des caméras, des enregistreurs vidéo, des lecteurs de disques vidéo et des récepteurs de télévision, c'est-à-dire qu'un certain nombre de données d'image associées l'un à l'autre sont lues en continu pour former une vidéo. Ces images vidéo rendent le système d'application multimédia plus puissant et plus expressif. Cependant, comme le signal vidéo sorti susmentionné est principalement le signal TV couleur standard, pour le saisir dans l'ordinateur, il faut non seulement capturer le signal vidéo, convertir le signal analogique en signal numérique, mais également le compresser et décompresser rapidement. La synchronisation des équipements logiciels et matériels correspondants à la lecture de vidéo est aussi nécessaire. Dans le même temps, le processus de traitement sera inévitablement influencé par la technologie télévisuelle.

Il existe trois grands systèmes de télévision, à savoir NTSC (525/60), PAL (625/50) et SECAM (625/50), les nombres entre parenthèses correspondent respectivement au nombre de lignes et à la fréquence vidéo affichée. Lorsqu'un ordinateur numérise un signal, il doit effectuer plusieurs tâches telles que la quantification, la compression et le stockage dans un délai fixe(par exemple dans un délai de 1/30 de seconde). Les fichiers vidéo ont pour formats de stockage AVI, MPG, MOV, etc.

En ce qui concerne l'opération et le traitement de la vidéo dynamique, en plus des actions pareilles durant le processus de lecture que l'animation, vous pouvez configurer des effets spéciaux, comme la découpe, le fondu, la copie, le miroir, la mosaïque, le kaléidoscope, etc. , pour améliorer sa capacité expressive. Il s'agit de l'attribut de performance du média.

Ⅵ. Animations

L'animation est créée par des logiciels de conception et d'animation installés dans l'ordinateur, elle consiste à donner l'illusion du mouvement à l'aide d'une suite d'images. Le mouvement est décomposé en une succession d'images fixes dont la vision à une fréquence donnée donne l'illusion du mouvement continu. La lecture continue de l'animation fait référence à la continuité dans le temps et à la continuité du contenu des images, c'est-à-dire que le contenu des deux images adjacentes n'a pas de grande différence. La compression et la lecture rapide des images sont l'enjeu de la technologie d'animation. Il existe deux méthodes pour l'ordinateur, visant à la création d'animations: l'une est l'animation par modélisation, l'autre est l'animation image par image. La première consiste à concevoir chaque objet en mouvement séparément, à caractériser chaque objet, comme la taille, la forme, la couleur, etc. , puis à utiliser ces objets pour former un cadre complet. Chaque image de l'animation par modélisation est composée des éléments de modélisation comme graphiques, sons, caractères, palette, etc. Le scénario composé de tables de création contrôle les performances et les mouvements des primitives de chaque image de l'animation par modélisation. L'animation image par image est une suite logique composée de bitmaps permettant une impression de mouvement. Tout comme le film ou la vidéo, il faut concevoir séparément chaque image affichée à l'écran.

Lorsque l'ordinateur crée une animation, il lui suffit de bien réaliser les principales actions et scènes, les images intervalles peuvent être complétées par l'interpolation informatique. La partie qui n'est pas en mouvement peut être directement copiée, en coordination avec les actions et scènes principales. Lorsque ces images ne présentent qu'un effet de perspective bidimensionnel, il s'agit d'une animation bidimensionnelle. Si l'image de l'espace est créée au moyen de CAD, il s'agit d'une animation tridimensionnelle; si elle a des effets d'éclairage et des textures, elle devient une animation réaliste en trois dimensions. Les fichiers animation ont des formats de stockage FLC, SWF, etc.

La vidéo et de l'animation ont la caractéristique commune que les images adjacentes sont liées les unes aux autres. En règle générale, l'image suivante est la déformation de l'image précédente. Chaque scène est appelée une image. Les images sont projetées en continu sur l'écran à une fréquence régulière suffisante (images/seconde) pour que la vision donne l'illusion du mouvement continu. Lorsque la vitesse de lecture est supérieure à 24 images par seconde, la vision humaine aura l'illusion du mouvement continu naturelle.

Chapitre 2 Traitement des images numériques

Section 1 Connaissances de base des images numériques

Ⅰ. Numérisation de l'image

Dans le monde réel, les signaux d'image tels que les photos, les illustrations et les dessins sont représentés par des fonctions continues sur une surface et avec une grandeur d'obscurité ou de couleur. Pour analyser et traiter une image avec un ordinateur, il faut la numériser.

Le traitement numérique des signaux consiste à effectuer trois opérations, l'échantillonnage, la quantisation et le codage.

1. Échantillonnage

La discrétisation d'une image dans un espace bidimensionnel est appelée échantillonnage. Une image après l'échantillonnage est constituée d'un ensemble de points appelés échantillons (pixels). Bref, l'échantillonnage a pour essence de déchiffrer une image avec un ensemble de points, c'est de diviser l'image spatialement continue en structures de maillage rectangulaires à intervalles égaux dans les directions horizontales et verticales. De cette manière, une image est échantillonnée en une collection de pixels définis, les pixels sont les plus petits éléments carrés constitutifs d'une image numérique. Par exemple, une image 640×480 signifie que l'image est composée de 307 200 pixels.

Lors de l'échantillonnage, la sélection de l'intervalle des points d'échantillonnage joue un rôle important, elle détermine si l'image peut effectivement refléter l'image originale ou non. La densité de pixels composant un écran détermine sa résolution. En règle générale, plus l'image originale est complexe et plus les couleurs sont multiples dans l'image originale, plus l'intervalle d'échantillonnage doit être petit, et plus nombreux seront les points d'échantillonnage, finalement plus claire sera l'image affichée.

2. Quantification

La discrétisation du niveau de gris ou de la valeur de couleur de chaque pixel obtenu après l'échantillonnage est appelée la quantification de l'image. Habituellement, des nombres binaires de L bits sont utilisés pour décrire le niveau de gris ou la valeur de couleur, et le niveau de quantification est 2^L. En règle générale, un nombre de bits de quantification de 8 bits, 16 bits ou 24 bits est utilisé, un nombre de bits de quantification plus élevé signifie que le pixel a plus de couleurs disponibles et précises, il peut refléter mieux les couleurs de l'image originale, mais l'image numérique nécessite aussi une plus grande espace.

Par exemple, il y a une photo en niveaux de gris dont l'image est continue dans les directions horizontales et verticales. Un échantillon discret peut être obtenu en échantillonnant à intervalles égaux le long des directions horizontales et verticales. La valeur de chaque point d'échantillonnage représente l'échelle de gris (luminosité) du pixel. L'échelle de gris est quantifiée afin que sa valeur devienne un nombre fini de valeurs possibles. L'image obtenue après un tel échantillonnage et une telle quantification est appelée image numérique. Tant que le nombre de points d'échantillonnage dans les directions horizontales et verticales est au nombre suffisamment grand et que le nombre de bits de quantification est aussi un chiffre suffisamment grand, la qualité de l'image numérique est comparable à celle de l'image d'origine.

Le nombre d'échantillons et le nombre de bits de quantification sont décidés par la mise de compromis entre l'effet visuel et l'espace de stockage.

Le bitmap numérisé peut être décrit par la matrice d'informations suivante, dont les éléments sont le niveau de gris ou la couleur du pixel.

$$\begin{bmatrix} f(0,0) & f(0,1) & f(0,2) & \cdots & f(0,n-1) \\ f(1,0) & f(1,1) & f(1,2) & \cdots & f(1,n-1) \\ f(2,0) & f(2,1) & f(2,2) & \cdots & f(2,n-1) \\ \vdots & \vdots & \vdots & & \vdots \\ f(m-1,0) & f(m-1,1) & f(m-1,2) & \cdots & f(m-1,n-1) \end{bmatrix}$$

3. Codage et compression

Le codage a deux fonctions : l'une consiste à enregistrer les données de l'image numérique par un certain format ; l'autre est de compresser pour prendre moins d'espace et améliorer l'efficacité de transmission, car l'espace mémoire nécessaire pour stocker l'image est gigantesque.

La compression des images numériques repose sur deux points. Premièrement, il y a la redondance des données dans les données d'image. Par exemple, les couleurs des points d'échantillonnage adjacents d'une image ont souvent une continuité spatiale. La façon de représenter les couleurs de pixels sur la base d'un échantillonnage de pixels discrets ne tire généralement pas parti de cette continuité spatiale, ce qui entraîne une redondance spatiale. Deuxièmement, la vision humaine n'est pas aussi sensible. Par exemple, l'œil humain a un « effet de masquage visuel », c'est-à-dire que les gens sont plus sensibles à la luminosité, mais pas aussi sensibles aux changements brusques des bords, et leur capacité de distinguer les détails de couleur n'est pas aussi haute que celle de distinguer les détails de luminosité. Lors de l'enregistrement des données d'image originales, il est généralement supposé que le système visuel est linéaire et homogène, et que les parties visuellement sensibles et insensibles sont traitées de la même manière, ce qui engendre plus de données que pour un code idéal(c'est-à-dire que les parties visuellement sensibles et insensibles sont distinguées et codées séparément).

De nos jours, de nombreux algorithmes de codage matures ont été appliqués à la compression d'images. Les codages d'images couramment vus sont le codage de longueur d'exécution, le codage Huffman, le codage LZW (Lempel-Ziv-Welch Encoding), le codage prédictif, le codage par transformée, le codage en ondelettes, le réseau neuronal artificiel, etc.

Après les années 90, l'Union internationale des télécommunications (UIT), l'Organisation internationale de normalisation ISO et la Commission électrotechnique internationale CEI ont formulé et continuent d'élaborer une série de normes internationales pour le codage des images fixes et animées. Les normes approuvées comprennent principalement la norme JPEG et MPEG Standard, H. 261, etc. Ces normes et recommandations sont un résumé des résultats et des expériences de la recherche coopérative par des experts de divers pays travaillant dans les domaines correspondants. L'émergence de ces normes internationales a conduit au développement rapide du codage d'images, en particulier de la technologie de codage et de compression d'images vidéo. À l'heure actuelle, des produits matériels, logiciels et de circuits intégrés spécifiques et fabriqués conformément à ces normes sont apparus en grand nombre sur le marché(tels que les scanners d'images, les appareils photo numériques, les caméras vidéo numériques, etc.). Cela a joué un rôle important dans le développement rapide de la communication d'images moderne et dans le développement de nouveaux domaines d'application du codage d'images.

Ⅱ. Propriétés de base de l'image

Le bitmap est composé de pixels, la densité et les informations de couleur des pixels affectent directement la qualité de l'image. Des propriétés sont utilisées pour la description d'une image, y compris la résolution, la profondeur de couleur, la couleur vraie/fausse, etc.

1. Résolution

Les résolutions souvent mentionnées s'agissent de la résolution d'une image, de la définition et de la résolution d'impression.

(1) Résolution d'une image

Une image numérique est composée d'un certain nombre de pixels. La résolution d'une image est sa densité de pixels contenus dans l'image, exprimée en pixels par pouce, cette unité de mesure est abrégée ppp en français ou ppi(pixie per inch)en anglais pour dots per inch. Pour une image de même taille, plus la résolution de l'image est élevée lors de la numérisation de l'image, plus il y a de pixels(ou points)par pouce qui composent l'image et plus, il y aura d'information dans l'image, vous trouverez plus claires les détails de l'image et vice versa. Les images ayant de différentes résolutions présentent de différents effets illustrés à la Figure 2-1.

Figure 2-1 Influence des résolutions différentes sur l'effet visuel

(2) Définition

La définition correspond au nombre de points constituant une image. Par exemple, une définition de 1 024×768 correspond à une image présentant 768 lignes(résolution verticale), chaque ligne (résolution horizontale) affiche 1 024 pixels, et tout l'écran affiche 78 643 points d'affichage.

Plus de pixels l'écran peut afficher, plus la résolution du périphérique d'affichage est élevée et plus la qualité de l'image affichée est élevée. Sur un écran de même taille, plus la définition est élevée, l'image affichée présentera plus de finesses, mais plus petite sera l'image.

(3) Résolution d'impression

La résolution définit la finesse de l'impression. Elle est exprimée en ppp (points par pouce) ou en dpi (dot per inch). Elle indique le nombre maximum de points d'encre que l'imprimante est capable d'inscrire sur une longueur d'un pouce. La résolution d'impression varie entre 360 ppp～2 400 ppp.

La résolution d'impression est le nombre de points d'encre pouvant être imprimés sur chaque pouce de papier d'impression, exprimé en dpi (point par pouce). La résolution du périphérique d'impression est comprise entre 360 dpi et 2 400 dpi. Plus la résolution est élevée, plus le point d'encre est petit (la taille du point d'encre est uniquement liée à la technologie matérielle de l'imprimante et n'a rien à voir avec la résolution de l'image à imprimer), et l'image imprimée peut présenter plus de finesses.

2. Profondeur de couleur

La profondeur de couleur, également appelée profondeur de bits, est le nombre de bits utilisés pour indiquer la couleur d'un seul pixel. Elle détermine le nombre maximum de couleurs qu'une image peut contenir ou le nombre de niveaux de gris dans une image en niveaux de gris. Plus la profondeur est grande, plus il y aura de nuances par canal de couleurs. Par exemple, pour une image couleur en mode RVB, également appelé RGB (en anglais), lorsque les trois couleurs R, V et B ont un niveau de luminosité égal à 8 bits, on obtient la profondeur de couleur de 24. Chaque pixel peut être l'une des couleurs 2^{24} = 16 777 216. Les images en niveaux de gris ayant de différentes profondeurs de couleur présentent des effets visuels illustrés à la Figure 2-2.

Figure 2-2 Influences de la quantification des niveaux sur l'effet visuel de l'image

Ⅲ. Principes de couleur des images

La sensation de couleur est la forme la plus populaire de la beauté. La vision humaine a une sensibilité particulière à la couleur. Les images sont dans la dépendance des couleurs. La couleur est la composante essentielle de la vision et partie importante de l'image.

1. Trois couleurs primaires

Une couleur primaire est une couleur qu'on ne peut pas obtenir en mélangeant d'autres couleurs. Les couleurs primaires sont la base de toutes les couleurs, car c'est à partir d'elles qu'on obtient toutes les couleurs du spectre. Comme le montre la Figure 2-3, on crée de nouvelles couleurs en combinant différentes intensités de rouge, vert et bleu. Le rouge, et aucune des trois couleurs ne peut être produite en mélangeant les deux autres couleurs. Les trois couleurs indépendantes sont appelées sur le cercle chromatique les trois couleurs primaires.

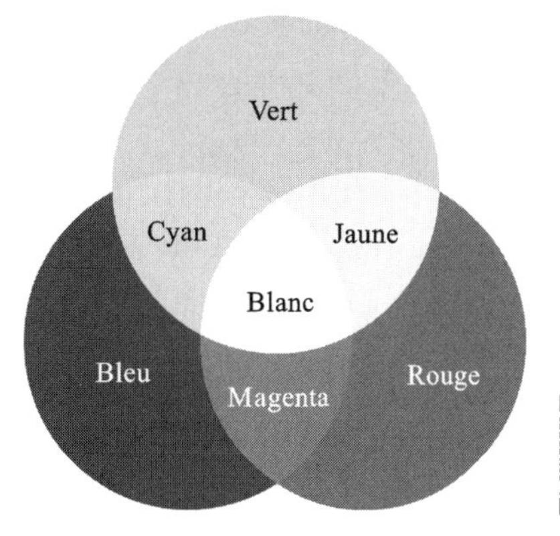

Figure 2-3 Trois couleurs primaires de la lumière

Les couleurs des images affichées sur les tubes image TV et les écrans LED sont composées de lumière rouge, verte et bleue, les trois couleurs sont également appelées les trois couleurs primaires de la lumière ou les trois couleurs primaires de la télévision couleur.

Dans la pratique artistique, si on additionne au magenta une petite quantité du jaune, il devient du rouge vif, mais le rouge vif ne peut pas produire du magenta; si on additionne au gris une petite quantité du magenta, il devient du bleu, et le bleu et le blanc produisent le vert non brillant. Par conséquent, le magenta, le cyan et le jaune constituent les trois couleurs primaires dans le mélange des encres d'impression couleur, le principe et la production des photos couleur, la conception et l'application pratique des imprimantes couleur, ils sont souvent appelés les trois couleurs primaires dans le monde de l'impression et des pigments, comme le montre la Figure 2-4.

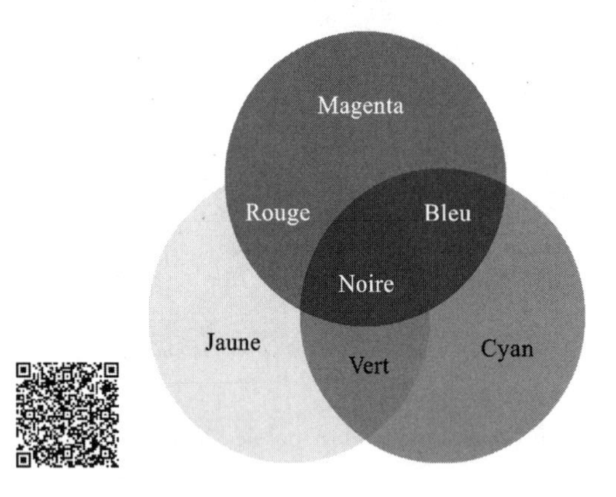

Figure 2-4 Trois couleurs primaires dans les pigments de peinture

2. Principe de synthèse de couleurs

Selon le principe de couleur, les couleurs primaires sont à la base de toutes les couleurs, la diversité des nuances dépend des mélanges et des différents dosages réalisés. Il existe deux systèmes de couleurs, la synthèse additive et la synthèse soustractive. Les couleurs peuvent également se mélanger après avoir pénétré dans la vision, c'est le mélange neutre.

(1) Synthèse additive

La synthèse additive des couleurs est le procédé consistant à combiner les lumières de plusieurs sources colorées. Les combinaisons des couleurs sont résumées à l'aide de la Figure 2-3. Lorsque deux ou plusieurs types de lumières sont mélangés, la luminosité de la lumière augmente et la luminosité totale de la lumière mélangée est égale à la somme de la luminosité des couleurs mélangées. Deux couleurs sont dites complémentaires si leur addition donne du blanc, par exemple, le cyan est complémentaire du rouge puisque cyan+rouge=blanc.

(2) Synthèse soustractive

La synthèse soustractive est le principe qui régente le mélange de pigments colorés en peinture, la relation de mélange de couleurs est illustrée à la Figure 2-4. On réalise une synthèse soustractive lorsqu'on supprime une partie du spectre d'une lumière afin d'obtenir une couleur différente. Si l'addition de deux couleurs peut produire du gris ou du noir, ces deux couleurs sont complémentaires. Par exemple, rouge + cyan = noir, alors le rouge et le cyan sont des couleurs complémentaires. Les trois couleurs primaires sont mélangées selon une certaine proportion, la couleur résultante peut être le noir ou le gris foncé. Dans la synthèse soustractive, plus de couleurs vous mélangez, plus faible sera la luminosité et la pureté diminuera également.

(3) Mélange neutre

Le mélange neutre est un mélange visuel de couleurs basé sur les caractéristiques physiologiques visuelles humaines, il ne change pas la lumière ou le matériau luminescent lui-même, et la luminosité de l'effet de mélange ne va ni augmenter ni diminuer. Les méthodes courantes comprennent le mélange par rotation de la roue chromatique et le mélange par la vision spatiale.

3. Mode couleur

Le mode couleur est un modèle qui exprime une certaine couleur sous forme numérique, ou un moyen d'enregistrer la couleur d'une image. Les modes de couleur couramment utilisés sont: RVB, CMJN, TSL, LAB, mode niveaux de gris, mode bitmap, etc.

(1) Mode couleurs RVB

Le mode couleurs RVB correspond au mode utilisé par les périphériques d'affichage tels que les écrans des ordinateurs et des télévisions. Si tous les trois rayonnements monochromatiques ont une intensité égale à 0, la couleur obtenue sera le noir. Plus la lumière est forte, plus la couleur est brillante, si toutes les composantes RVB ont une intensité de 255 on aura une couleur blanche, le mode RVB est donc appelé méthode de couleurs additive.

(2) Mode CMJN

Le codage CMJN (Cyan, Magenta, Jaune, Noir) ou CMYK en anglais (Cyan, Magenta, Yellow, black) est un mode soustractif utilisé par les imprimantes, le principe est simple, chaque couleur est obtenue en combinant différentes intensités des quatre couleurs. Le mode CMJN n'a pas de grande différence dans l'essentiel par rapport au mode RVB, seul le principe de production de couleurs est différent. En fait en mode RGB les couleurs primaires apportent de la lumière, le procédé consiste à combiner les lumières de plusieurs sources colorées. En mode CMJN on dit que les couleurs absorbent la lumière, la lumière est irradiée sur du papier avec différentes proportions d'encres C, M, J et N. Une fois qu'une partie du spectre est absorbée, elle est réfléchie vers l'œil humain et la couleur est ainsi produite. Lorsque les couleurs de base C, M, J et N sont mélangées pour former des couleurs, à mesure que les quatre composants de C, M, J et N augmentent, il y aura de moins en moins de lumière réfléchie vers l'œil humain, la luminosité de la lumière sera de plus en plus faible, pour ce fait le mode CMJN est également appelée méthode de couleurs soustractive.

(3) Modèle TSL

Le modèle TSL (acronyme de Teinte, Saturation, Luminosité), HSB en anglais pour Hue, Saturation et Brightness, est le code le plus intuitif, basé sur le système visuel humain (de couleur), c'est-à-dire que le modèle TSL est un modèle de couleur établi sur la base des caractéristiques visuelles de l'œil humain, il correspond mieux à la loi d'observation des couleurs de l'œil humain que le modèle RVB. En observant une couleur, telle que la couleur d'une chemise de l'uniforme de l'armée de Terre, nous n'allons pas parler de sa valeur RVB, mais dirons qu'elle est verte, puis dirons sa couleur de vert clair. Le modèle TSL divise les couleurs en trois facteurs, la teinte, la saturation et la luminosité en fonction des caractéristiques visuelles de l'œil humain.

T signifie la teinte, elle décrit l'apparence de la couleur, indiquant de quelle couleur il s'agit et la lumière de quelle couleur est réfléchie dans nos yeux. Elle est déterminée par la longueur d'onde de la lumière et est utilisée pour ajuster la couleur dans le modèle. Elle est mesurée par un angle de 0 à 360° autour de la roue chromatique.

S c'est la saturation (mesurée en %), elle décrit la puissance et l'intensité de la couleur, plus elle comprend de pigments, plus elle sera intense. Les couleurs du spectre pur, c'est-à-dire les couleurs de l'arc-en-ciel, sont entièrement saturées. D'autres couleurs, telles que le rose et le vert clair, peuvent être considérées comme le mélange de la lumière des couleurs à spectre pur et la lumière blanche. La proportion de la lumière des couleurs à spectre pur est sa saturation, dont la valeur varie entre 0(gris) et 100%(couleur pure).

L est la luminosité(mesurée en %), elle indique la valeur de la couleur et se rapporte au degré d'obscurité ou de clarté de celle-ci, sa valeur oscille entre 0(noir)～100%(blanc).

(4) Mode couleurs LAB

Le mode couleurs Lab est un modèle de représentation des couleurs développé en 1976 par la commission internationale de l'éclairage(CIE), les valeurs numériques du modèle Lab décrivent toutes les couleurs perceptibles à l'œil humain. Les couleurs LAB sont converties à partir des trois couleurs primaires RVB, il constitue une passerelle de conversion du mode RVB en mode TSL et mode CMJN. Le mode LAB est indépendant de la lumière ou du matériel. Il comble les lacunes des modes de couleurs RVB et CMJN. C'est le mode de couleur interne utilisé par Photoshop lors de la conversion entre différents modes de couleurs. Les utilisateurs peuvent utiliser le mode LAB dans l'édition de l'image, et les couleurs ne seront pas dégradées lorsque de la conversion du mode LAB en mode CMJN. Par conséquent, le meilleur moyen d'éviter la dégradation des couleurs est de faire l'édition de l'image en mode LAB, puis de convertir en mode CMJN pour l'impression de l'image. Mais certains filtres Photoshop ne fonctionnent pas pour les images en mode LAB, donc si vous souhaitez traiter des images en couleur, nous vous proposons d'utiliser l'un des modes RVB et LAB, puis de passer au mode CMJN pour l'impression de l'image. Vous n'aurez pas besoin de faire la correction de couleur en mode LAB pour convertir l'image.

(5) Mode niveaux de gris

Si vous avez sélectionné le mode niveaux de gris, il n'y aura aucune information de couleur dans l'image, la saturation des couleurs est de 0 et l'image a 256 niveaux de gris, s'échelonnant de la luminosité 0(noir)à 255(blanc). Si vous souhaitez modifier ou traiter une image en noir et blanc ou convertir une image couleur en image noir et blanc, vous pouvez convertir l'image en niveaux de gris. Comme les informations de couleur de l'image en mode niveaux de gris sont toutes supprimées, le fichier en niveaux de gris prend beaucoup moins de place que le fichier en couleur.

(6) Mode bitmap

Ce mode utilise une des deux valeurs chromatiques, noir ou blanc, pour représenter les pixels dans une image. Le mode bitmap est également appelé le mode de couleurs noir et blanc, car l'image ne contient que deux couleurs, le noir et le blanc. Sauf pour des fins spéciales, on ne sélectionne généralement pas ce mode. Lorsque vous devez passer le mode couleurs en mode bitmap, il faut convertir premièrement en mode niveaux de gris, puis passer le mode niveaux de gris en mode bitmap.

(7) Mode de couleurs indexé

Ce mode utilise jusqu'à 256 couleurs pour représenter les images. Lors de la conversion du mode RVB ou du mode CMJN en mode couleurs indexé, Photoshop Elements construit une table de correspondance des couleurs qui mémorise et indexe les couleurs de l'image. Par conséquent, l'image en mode de couleurs indexé prend moins de place à l'enregistrement, car elle contient ainsi moins de données que l'image d'origine, et sa taille et qualité de fichier sont moins élevées, le mode est fréquemment utilisé pour les images GIF sur le Web.

Ⅳ. Formats de fichiers d'images

Les formats d'images sont des moyens standardisés pour organiser et stocker les images numériques, ils expliquent le procédé de compression et de codage des données. Différents formats d'images se distinguent par différentes extensions de fichier. Les logiciels de traitement des images peuvent généralement reconnaître et utiliser ces fichiers image, et réaliser la conversion entre eux. Les fichiers images existent dans de nombreux formats, par exemple BMP, JPEG, GIF, TIFF, PNG, etc. Le PSD est le format de fichier par défaut du logiciel Photoshop, c'est le seul format à prendre en charge toutes les fonctionnalités (calques, canaux, éléments vectoriels, et ainsi de suite) de Photoshop, si vous souhaitez continuer la modification de l'image, vous devez enregistrer votre image au format PSD.

1. Format BMP

Le format BMP représente le fichier image Bitmap, c'est un format bitmap développé par Microsoft pour Windows. Le format est largement utilisé et il n'a rien à voir avec les périphériques matériels. Les images BMP sont généralement non compressées ou compressées avec une méthode de compression sans perte, par conséquent, les fichiers BMP prennent beaucoup d'espace. Diverses profondeurs de couleur sont supportées dans ce format, de 1 bit, 4 bits, 8 bits jusqu'à 24 bits. Lorsque des données sont stockées dans les fichiers en format BMP, la numérisation des images se fait de gauche à droite et de bas en haut.

2. Format JPEG

JPEG (acronyme de Joint Photographic Expert Group) est un format de compression avec pertes et développé par une fédération de développement de logiciels. Les extensions de nom de fichiers les plus communes sont «. jpg » ou «. jpeg ».

Le format JPEG peut compresser l'image dans un petit espace de stockage, et les données répétées ou sans importance seront perdues, il est donc facile de provoquer la perte de données de l'image. Si vous utilisez un taux de compression trop élevé, la qualité de l'image restaurée après la décompression sera considérablement réduite. Par conséquent, il ne faut pas utiliser un taux de compression trop important pour assurer une qualité de l'image correcte. Cependant, la technologie de compression JPEG est bien avancée, elle utilise la compression avec pertes pour supprimer les données redondantes, le format d'image compressée offre donc une bonne compression pour une qualité très correcte. Autrement dit, le fichier est léger et possède une qualité suffisante pour une utilisation digitale. En outre, le JPEG est un format flexible avec la fonction d'ajustement de la qualité des images, permettant de compresser les fichiers avec différents taux de compression, et prenant en charge plusieurs niveaux de compression. Les taux de compression vont généralement de 10 : 1 à 40 : 1. Son niveau de compression varie selon la qualité désirée. Plus la valeur est élevée, plus la qualité sera faible; à l'inverse, plus le taux de compression est petit, plus la qualité est élevée. Le format JPEG compresse principalement les informations haute fréquence, il permet de conserver mieux les informations sur les couleurs, convenable à l'application sur Internet et susceptible de réduire le temps de transmission des images; le format peut également prendre en charge les vraies couleurs 24 bits et il est de plus couramment utilisé pour les images qui nécessitent des teintes continues. En fin de compte, c'est actuellement le format de fichiers d'images le plus populaire sur Internet.

3. Format GIF

GIF(acronyme de Graphics Interchange Format) est un format de fichiers d'images développé par CompuServe en 1987. Le GIF utilise un algorithme de compression sans perte appelé LZW. Son taux de compression est généralement d'environ 50%. Il n'appartient à aucun programme d'application. Il est actuellement pris en charge par presque tous les logiciels relatifs. Il existe un grand nombre de logiciels dans le domaine public qui utilisent les fichiers d'images GIF.

4. Format TIFF

Le fichier TIFF(acronyme de Tag Image File Format) est un format de fichiers d'images développé conjointement par Aldus et Microsoft pour les systèmes de publication assistée par ordinateur. Le format TIFF est flexible et modifiable. Il définit quatre formats plus précis: TIFF-B convient aux images binaires; TIFF-G convient aux images en niveaux de gris, noir et blanc; TIFF-P convient aux images couleur avec des palettes; TIFF-R convient aux images de vraies couleurs en RVB.

5. Format PNG

PNG(acronyme de Portable Network Graphics) est le dernier format de fichiers d'images couramment utilisé sur Internet. Le format PNG offre un meilleur résultat de compression sans perte de qualité, 30% plus courts que GIF. Le format PNG prend en charge les images 24 bits et 48 bits, génère des transparences d'arrière-plan sans créneler les contours, il permet de conserver les transparences des images. Comme le PNG est relativement nouveau, certains programmes ne prennent pas en charge ce format, mais Photoshop peut traiter les fichiers d'images en format PNG et permet également de stocker des fichiers au format PNG.

6. Format PSD

Photoshop Document(PSD) est le format de fichier par défaut conçu pour le logiciel de traitement des images Photoshop, l'extension des fichiers est «. psd ». Le format peut prendre en charge toutes les fonctionnalités des images comme les calques, les couches, les masques et les différents modes de couleurs, et ainsi de suite. Il s'agit d'un format d'enregistrement des fichiers d'origine non compressés. Le scanner ne peut pas générer directement des fichiers dans ce format. Comme les fichiers PSD permettent de conserver toutes les informations d'origine, c'est le meilleur choix pour conserver et travailler précisément les images en cours de modification.

Section 2 Correction des photos

Ⅰ. Processus élémentaire de retouche des photos numériques

Bien que les fonctions des appareils photo numériques deviennent de plus en plus puissantes, la qualité des photos reste non idéale, cela pourrait être dû à l'impact de l'environnement, aux défauts de l'appareil photo lui-même, ou à la mauvaise composition de l'image, etc. Cependant, il ne faut jamais abandonner ces photos qui peuvent avoir un nouveau look après quelques retouches des imperfections dans Photoshop!

Apprenons en premier lieu le processus de travail élémentaire de retouche des photos numériques, cela va nous permettre d'avoir une idée globale, puis nous allons étudier précisément les méthodes de correction des photos. La retouche et la correction des photos numériques peuvent se résumer en les cinq étapes suivantes montrées à la Figure 2-5.

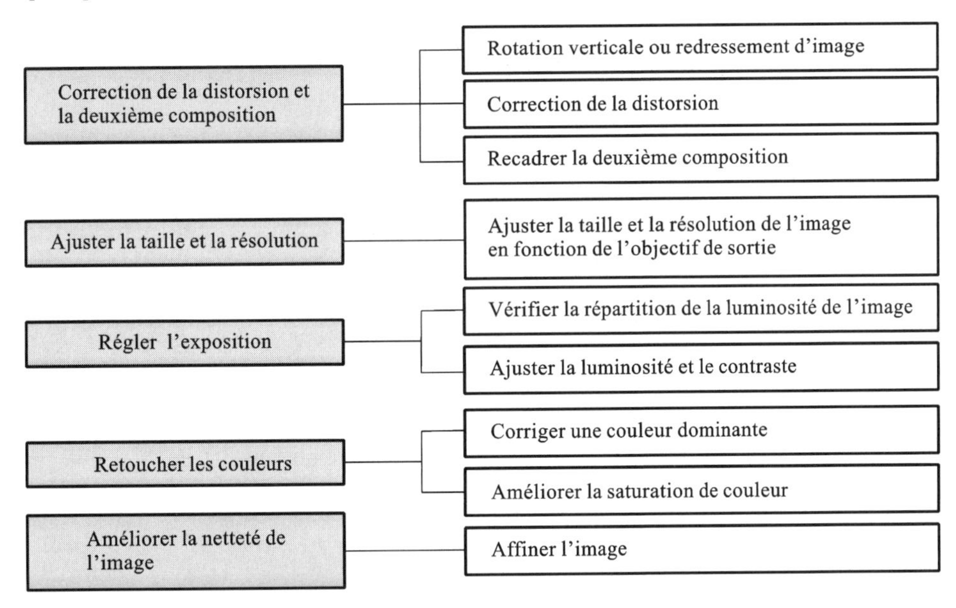

Figure 2-5 Processus de retouche des photos numériques

Néanmoins, il faut noter que les photos ont de différentes imperfections, certaines photos nécessitent seulement l'ajustement de l'exposition et elles ne présentent pas de défaut de couleur tandis que certaines autres peuvent avoir un mauvais cadrage, une couleur trop sombre. Au moment de retoucher des photos, nous devons suivre les cinq étapes ci-dessus pour vérifier l'une après l'autre et faire le réglage nécessaire, au lieu de faire tous les ajustements susmentionnés pour toutes les photos.

Ⅱ. Correction de la distorsion et deuxième composition de l'objectif

Avant la correction et la retouche des photos, nous devons d'abord vérifier s'il y a la distorsion et le manque de contenu en matière de la composition d'une photo, comme des lignes horizontales biaisées, une distorsion évidente des bâtiments et des objets à moitié coupés sur la bordure, etc. Nous avons pour but de déterminer le contenu de la photo. De cette manière, nous pouvons effectuer des corrections adéquates conformément au fichier correct lorsque de l'ajustement de la luminosité, du contraste ou de la couleur de l'image.

1. Rotation ou redressement des photos

(1) Rotation des photos

Pour la photo illustrée à la Figure 2-6, il faut la faire pivoter de 90 degrés dans le sens inverse des aiguilles d'une montre pour la redresser. Les procédés sont comme suit: cliquez sur le menu 【Image】, sélectionnez l'élément de menu 【Rotation de l'image】 et sélectionnez ensuite 【90° antihoraire】 dans le menu en cascade, comme illustré à la Figure 2-7, pour terminer toute opération de la rotation d'une image.

Figure 2-6 Photo prise en mode paysage

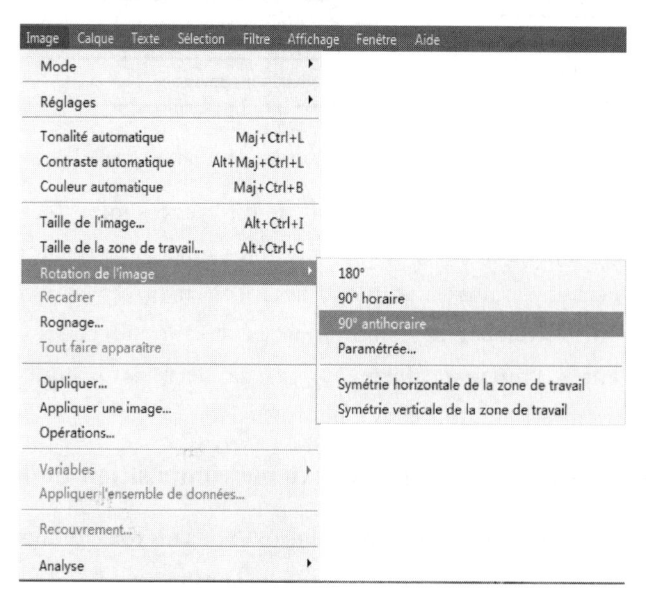

Figure 2-7 Procédé de rotation

(2) Redressement des inclinaisons

Pour les photos avec un plan horizontal ou un horizon incliné, comme illustré à la Figure 2-8, il faut d'abord déterminer l'angle d'inclinaison, et puis faire le redressement. Les étapes spécifiques sont indiquées comme suit:

Étape 1. Trouvez l'outil 【Pipette】 dans 【Boîte à outils】, maintenez le bouton de l'outil 【Pipette】 enfoncé pour ouvrir la liste des groupes d'outils, puis sélectionnez 【Outil Règle】, comme illustré à la Figure 2-9, faites glisser sur l'écran le long du plan horizontal pour tracer une ligne qui doit être horizontale, comme le montre la Figure 2-10.

Figure 2-8 Photo inclinée

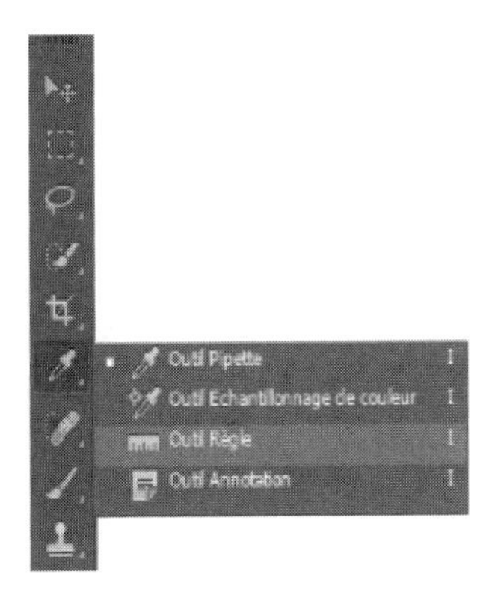

Figure 2-9 Sélectionner 【Outil de Règle】

Figure 2-10 Tracer une ligne horizontale avec la règle

Étape 2. Cliquez sur le menu 【Image】, sélectionnez l'élément de menu 【Rotation de l'image】, sélectionnez 【Paramétrée…】 dans le menu en cascade, comme illustré à la Figure 2-11, la valeur par défaut dans la boîte de dialogue contextuelle a été calculée par l'ordinateur selon la ligne droite dessinée avec la règle, comme illustré à la Figure 2-12. Vous n'avez pas besoin de modifier le chiffre, cliquez sur le bouton OK. L'image après la rotation est comme illustrée à la Figure 2-13.

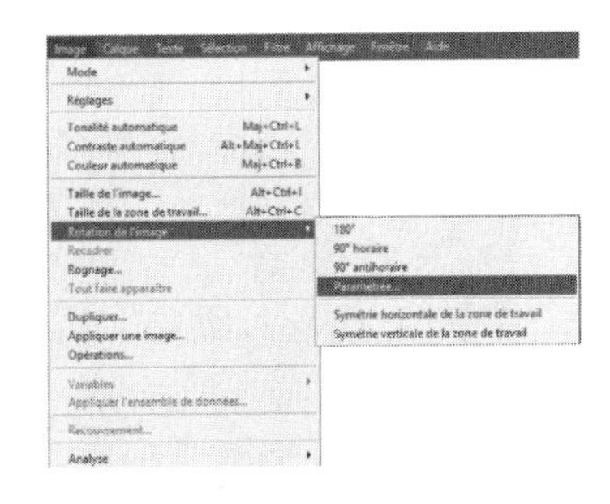

Figure 2-11 Option de 【Paramétrée…】

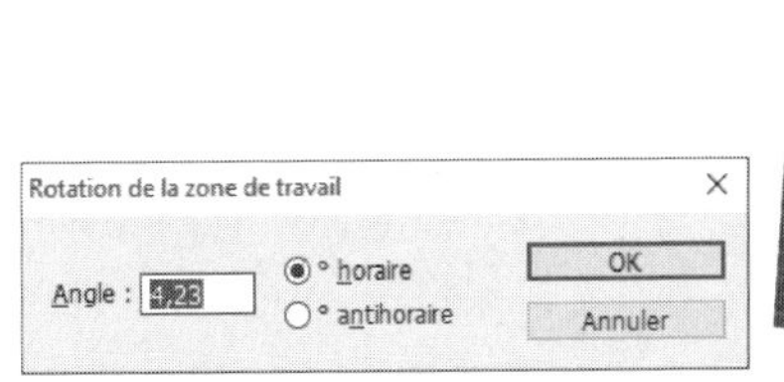

Figure 2-12 Définir l'angle de rotation

Figure 2-13 Photo après la rotation

(3) Recadrer la photo pour une composition nette

Une fois l'image redressée, il est possible que les bords de la photo sont inclinés, il faut donc recadrer la photo pour créer une photo rectangulaire. Les procédés sont indiqués comme suit：

Étape 1. Sélectionnez l'outil 【Rectangle de sélection】 dans 【Boîte à outils】, comme illustré à la Figure 2-14, définissez l'aspect sur un rapport fixe dans la barre de propriétés du Rectangule de sélection, le rapport hauteur/largeur sur 3 : 2, comme le montre la Figure 2-15.

Étape 2. Faites glisser sur l'image pour faire apparaître un rectangle de sélection, comme l'illustre la Figure 2-16. En maintenant à la fois le bouton gauche de la souris enfoncé et la barre d'espace enfoncée, vous pouvez ajuster la position du rectangle de sélection. Après avoir relâché la barre d'espace, vous pouvez continuer à ajuster la taille du rectangle de sélection.

Figure 2-14 Outil【Rectangle de sélection】

Figure 2-15 Barre de propriétés de l'outil Rectangle de sélection

Étape 3. Cliquez sur le menu 【Image】 et sélectionnez l'élément de menu 【Recadrer】, comme illustré à la Figure 2-17, vous aurez l'image bien recadrée, comme le montre la Figure 2-18, et enfin appuyez sur 【Ctrl + D】 pour annuler le rectangle de sélection.

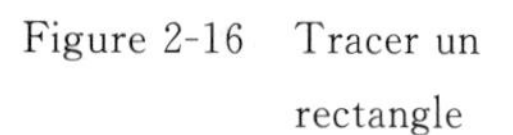

Figure 2-16 Tracer un rectangle

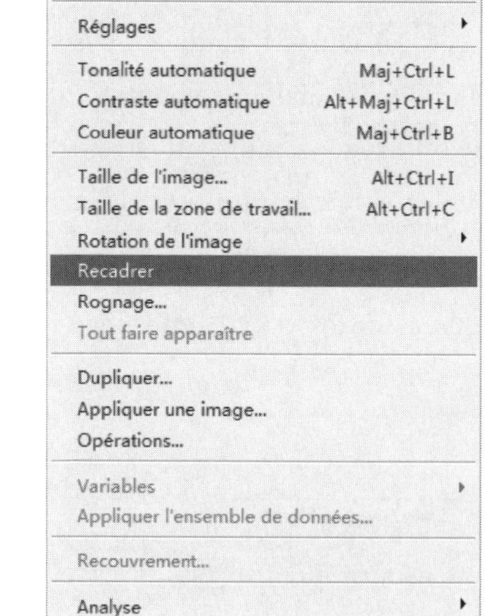

Figure 2-17 Option【Recadrer】

Figure 2-18 Photo après le recadrage

2. Correction de la distorsion

Pour les photos ayant une distorsion de l'objectif en raison de grands angles de la prise de photo, comme illustré à la Figure 2-19, il faut d'abord corriger la distorsion de l'objectif, puis recadrer la photo.

Les procédés spécifiques sont indiqués comme suit:

Étape 1. Déroulez le menu 【Filtre】, sélectionnez l'élément de menu 【Déformation】 et sélectionnez 【Correction de l'objectif...】 dans le menu en cascade, comme illustré à la Figure 2-20;

Figure 2-19 Photo avec la distorsion de l'objectif

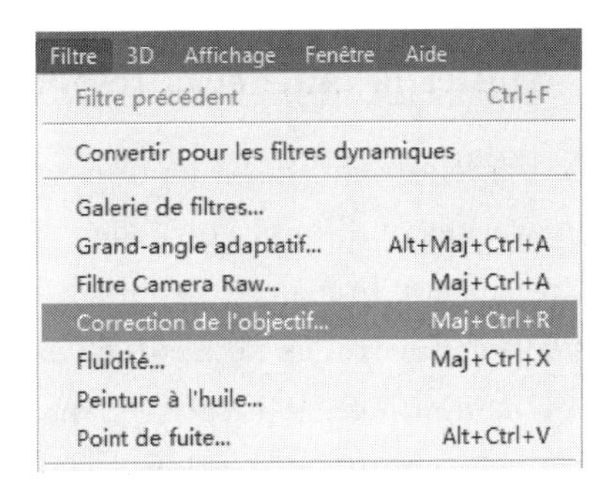

Figure 2-20 Options de 【Correction de l'objectif...】

Étape 2. Cliquez sur le bouton 【Outil Déplacement de la Grille】 à gauche du menu contextual pour afficher la grille de référence, cliquez sur l'onglet 【Personnalisé】 à droite, puis modifiez les paramètres comme indiqué dans la Figure 2-21: saisissez la valeur-28 pour la perspective verticale et 10 pour la perspective horizontale;

Figure 2-21 Définition des paramètres pour la correction de l'objectif

Étape 3. Recadrez la photo. La méthode de recadrage est celle indiquée dans la partie « Recadrer la photo pour une composition nette ».

Remarque

1. Dans la fenêtre de correction de l'objectif, la grille d'image permet de rendre les réglages faciles et précis.

2. Description du groupe d'options « Transformation »:

(1) Redéfinir la perspective verticale. Si la valeur est négative, la partie en bas se rétrécira, à l'inverse, la partie en haut se rétrécira;

(2) Redéfinir la perspective horizontale. Si la valeur est négative, la partie de droit se rétrécira, à l'inverse, la partie de gauche se rétrécira;

(3) Ajustez l'angle de l'image, l'image pivote autour du centre;

(4) La manière de remplir l'espace supplémentaire sur le bord. Prolongement de bord : répétez les pixels du bord de l'image ; Transparence : fond transparent ; Couleur d'arrière-plan : remplissez la couleur d'arrière-plan.

Ⅲ. Ajuster la taille et la résolution

Avec l'amélioration des fonctions de l'appareil photo numérique, les photos prises sont généralement des millions, voire des dizaines de millions de pixels. Bien que les images comportant un nombre élevé de pixels permettent d'obtenir plus de détails avec une taille d'impression donnée, elles nécessitent davantage d'espace disque et risquent d'être plus lentes à éditer et à imprimer. Par conséquent, nous avons souvent besoin d'ajuster la taille et la résolution de la photo en fonction de la destination de la photo. La méthode d'ajustement est la suivante :

Étape 1. Cliquez sur le menu 【Image】 et sélectionnez l'élément de menu 【Taille de l'image…】, comme illustré à la Figure 2-22.

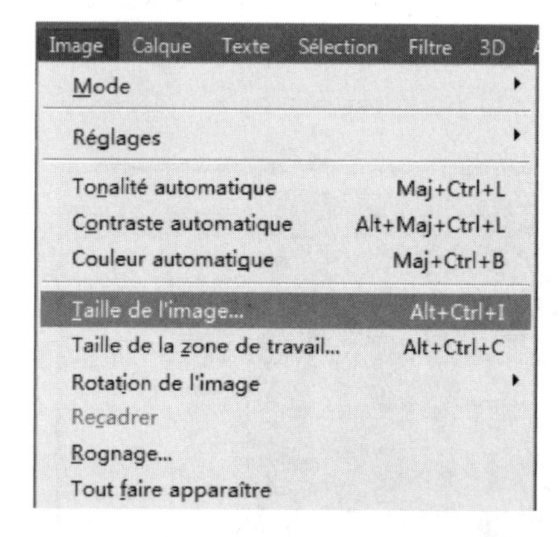

Figure 2-22　Option de menu 【Taille de l'image…】

Étape 2. Dans la fenêtre ouverte illustrée à la Figure 2-23, redéfinissez les paramètres de taille et de résolution de l'image, comme le montre la Figure 2-24, confirmez pour terminer le réglage.

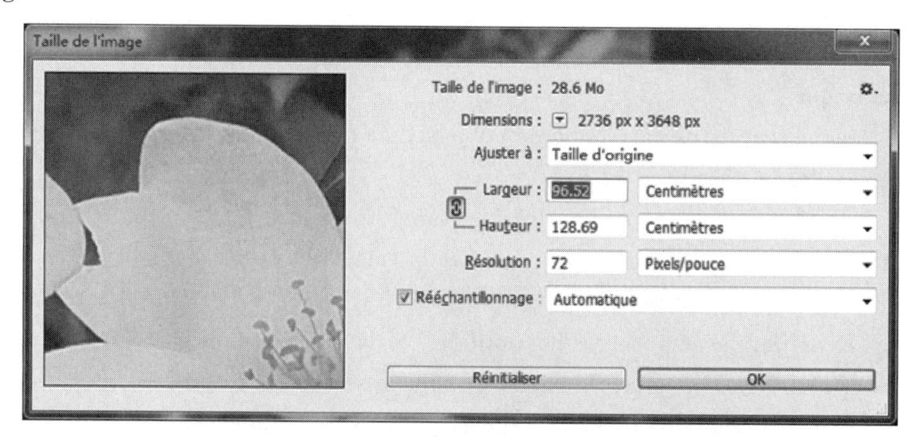

Figure 2-23　Fenêtre Taille de l'image

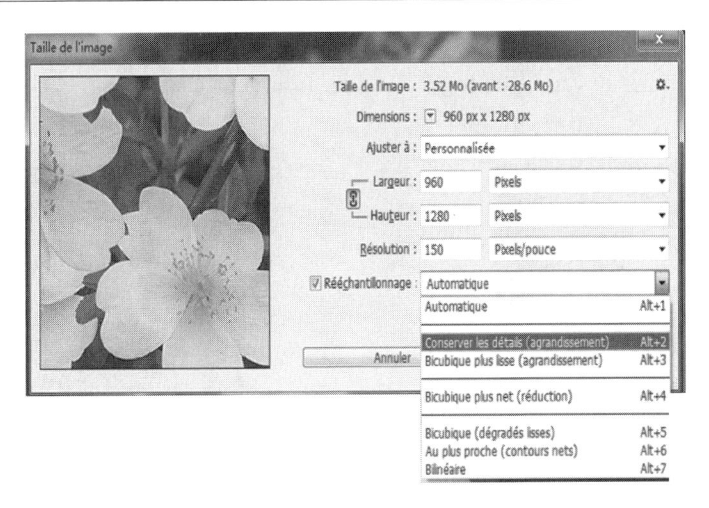

Figure 2-24　Redéfinir les paramètres de l'image

Remarque

1. La taille en pixels, la taille du document et la résolution respectent la relation suivante:

Taille en pixels = taille du document × résolution.

2. Cochez la case « Contraindre le rapport » lors du réglage. Lorsque vous ajustez la largeur ou la hauteur, la modification de l'une causera automatiquement le changement de valeur de l'autre, cela est pour garantir le rapport hauteur/largeur fixe de l'image, c'est-à-dire pour éviter la déformation de l'image.

3. La case à cocher « Reconfigurer les pixels de l'image » est utilisée pour déterminer s'il faut changer le nombre de pixels de l'image, si elle est sélectionnée, le nombre de pixels sera modifié en fonction de la taille et de la résolution du document.

4. La zone de liste déroulante en bas de la fenêtre permet de sélectionner la méthode de réglage des pixels de l'image, il suffit de régler selon les instructions entre parenthèses.

Ⅳ. Régler l'exposition

L'exposition de l'image signifie en fait la luminosité ou l'obscurité de l'image. La surexposition révèle l'image trop claire et blanche tandis que la sous-exposition rend une image trop sombre. Afin de pouvoir juger si l'exposition de votre photo est correcte ou pas, vous devez être en mesure d'analyser l'histogramme de l'image.

1. Lire l'histogramme de l'image

Étape 1. Cliquez sur le menu 【Fenêtre】 et sélectionnez l'élément de menu 【Histogramme】 pour ouvrir le panneau d'histogramme.

Étape 2. Cliquez sur le bouton dans le coin supérieur droit du panneau de l'histogramme et sélectionnez 【Affichage agrandi】 dans le menu en cascade ouvert, comme illustré à la Figure 2-25.

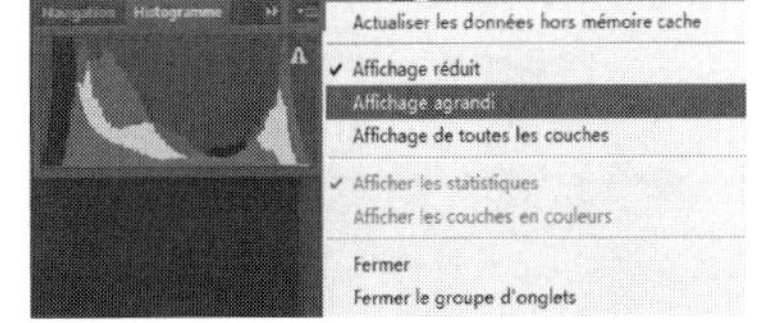

Figure 2-25　Option Affichage agrandi

Étape 3. Dans le panneau d'affichage étendu de

l'histogramme, sélectionnez l'option 【RVB】 dans la zone de liste déroulante 【Canal】, comme l'illustré la Figure 2-26, ouvrez l'histogramme de luminosité de l'image, comme le montre la Figure 2-27.

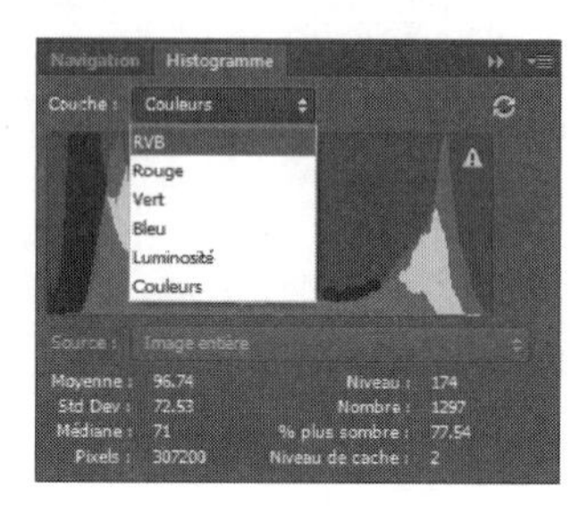

Figure 2-26　Option RVB

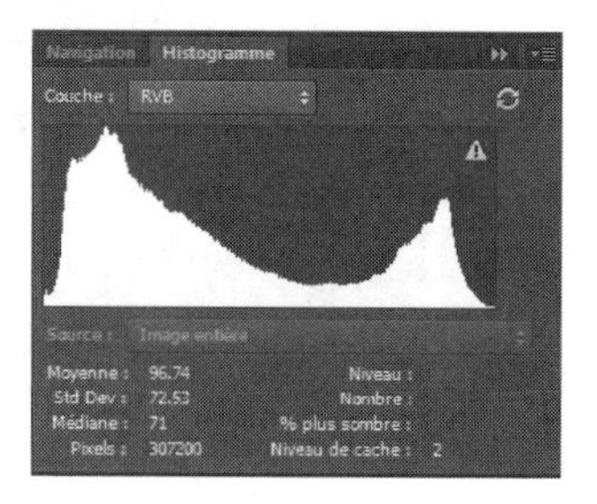

Figure 2-27　Histogramme de luminosité de l'image

2. Ajustement automatique

Cliquez sur le menu 【Image】, sélectionnez l'élément de menu 【Ton auto】 ou 【Contraste auto】 ou 【Couleur auto】 pour réaliser le réglage automatique de l'image.

L'ajustement automatique permet de faire rapidement le réglage, mais il ne fournit pas de paramètres d'ajustement, le résultat après l'ajustement est difficile à prévoir, il est donc généralement déconseillé de l'utiliser.

3. Ajustement manuel

Photoshop nous fournit trois outils pour ajuster manuellement l'exposition d'une image, leurs plages de réglage sont différentes.

(1) Ajustement global

Cliquez sur le menu 【Image】, sélectionnez l'élément de menu 【Réglages】 et sélectionnez l'option 【Luminosité/Contraste】 dans le menu en cascade pour ouvrir une boîte de dialogue comme illustrée à la Figure 2-28. En ajustant la position de chaque curseur dans la boîte de dialogue, vous pouvez ajuster l'image dans l'ensemble. Le réglage de la luminosité peut rendre l'image plus claire ou plus sombre, et l'ajustement du contraste peut augmenter ou diminuer le contraste. Comme il s'agit d'un ajustement global de l'image, l'outil est moins flexible.

(2) Ajustement partiel

Cliquez sur le menu 【Image】, sélectionnez l'élément de menu 【Réglages】 et puis sélectionnez l'option 【Niveaux】 dans le menu en cascade pour ouvrir la boîte de dialogue, comme le montre la Figure 2-29. Cette fonction divise la gradation de l'image en trois niveaux: surbrillance, demi-teinte et ombre. Chaque partie peut être ajustée indépendamment sans affecter les autres.

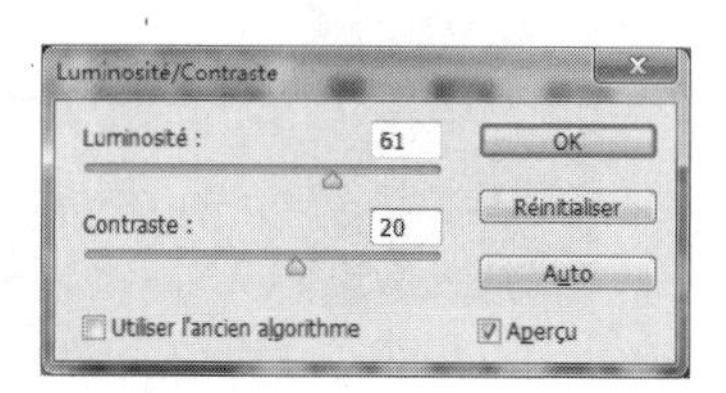

Figure 2-28　Boîte de dialogue 【Luminosité/Contraste】

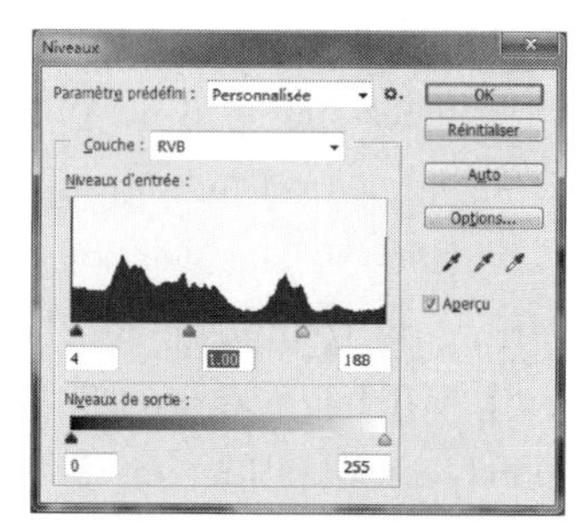

Figure 2-29　Boîte de dialogue 【Niveaux】

(3) Ajustement couleur par couleur

Cliquez sur le menu 【Image】, sélectionnez l'élément de menu 【Réglages】 et puis sélectionnez l'option 【Courbes】 dans le menu en cascade pour ouvrir la boîte de dialogue comme illustrée à la Figure 2-30. Dans la boîte de dialogue, faites glisser directement la courbe d'entrée et de sortie pour ajuster la correspondance directe entre le niveau de couleur d'entrée et le niveau de couleur de sortie, afin d'ajuster la luminosité de l'image. Cette fonction permet de faire le réglage séparément des 256 niveaux de couleur avec une grande flexibilité. Le cercle rouge marque l'outil de réglage de l'image, qui nous permet d'ajuster directement la courbe sur l'image. Après avoir cliqué sur le bouton, placez le curseur sur l'endroit à ajuster, faites glisser vers le haut pour augmenter la luminosité du niveau de couleur. Faites glisser vers le bas pour la diminuer.

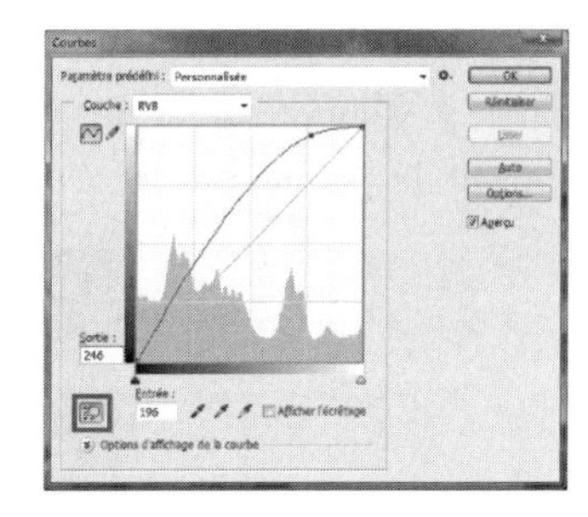

Figure 2-30 Boîte de dialogue 【Courbes】

Remarque

1. L'histogramme illustré à la Figure 2-27 est un histogramme d'une image correctement exposée. Lors de la correction de l'exposition, faites attention aux changements dans l'histogramme, mieux vaut répartir l'histogramme sur tous les niveaux de couleur et assurez qu'il n'y a pas de « pics » ou de « vallées » évidents sur l'histogramme.

2. L'histogramme de l'image ne peut pas tout le temps être représenté avec des valeurs uniformément réparties. Il faut juger selon le contenu de l'image. Par exemple, si vous prenez une photo d'une scène de neige, c'est bien normal que tout l'image apparaît blanche et ce n'est pas un cas surexposé.

3. Lorsque vous utilisez le réglage 【Courbes】 pour ajuster l'image, le déplacement d'une partie de l'image fait l'ajustement de tous les pixels avec le niveau de couleur correspondant.

Ⅴ. Retouche des couleurs

Lors de la prise des photos, nous rencontrons souvent la distorsion des couleurs en raison de la lumière réfléchie d'un objet avoisinant, par exemple, lors de la prise de photos du lever du soleil, l'image présente généralement une dominante de couleur rouge.

1. Corriger une couleur dominante

Pour juger si une image présente une dominante de couleur, vous devez généralement observer les zones des couleurs noire, blanche et grise dans l'image. Si les valeurs des composantes de couleur des pixels R, V et B dans ces zones sont assez différentes, nous pouvons considérer que l'image présente une dominante de couleur. Parmi les trois composants de couleur, celui ayant la plus grande valeur est la dominante de couleur. Par conséquent, lorsque vous essayez de corriger le problème de dominante couleur, il faut juger premièrement si votre image présente une dominante de couleur. Les procédés sont comme suit:

(1) Identification des couleurs

Étape 1. Cliquez sur le menu 【Fenêtre】 et sélectionnez l'élément de menu 【Informations】 pour ouvrir le panneau d'informations, comme illustré à la Figure 2-31.

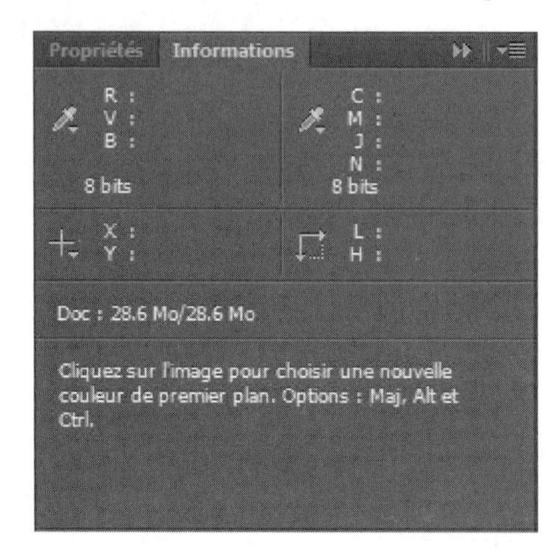

Figure 2-31 Panneau d'informations

Étape 2. Sélectionnez l'outil 【Pipette】 dans la 【Boîte à outils】. Lorsque le curseur est placésur l'image, la valeur de couleur du point sera affichée sur le panneau d'informations. Vous pouvez également maintenir la touche Maj enfoncée pour sélectionner quelques points d'échantillonnage(4 au maximum)dans les zones de couleurs neutres comme le noir, le blanc, et le gris, etc. de l'image, comme illustré à la Figure 2-32, et observez si les valeurs R, V et B sont proches sur le panneau d'informations, comme le montre la Figure 2-33. Si les valeurs ne sont pas proches, cela signifie que l'image présente une dominante de couleur et un ajustement sera nécessaire.

Figure 2-32 Prise d'échantillons sur l'image

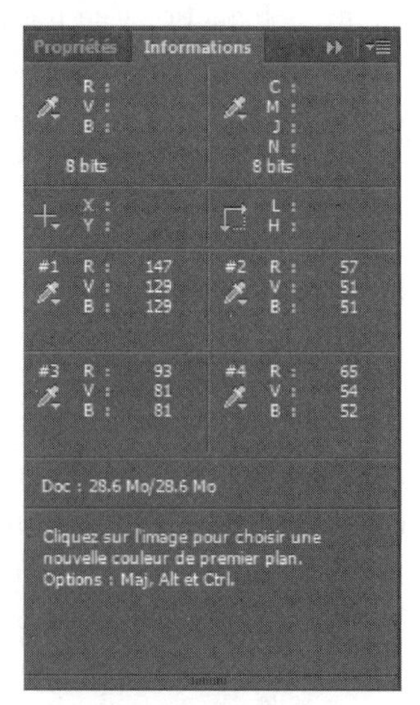

Figure 2-33 Panneau d'informations après la prise d'échantillons

(2) Correction de la dominante couleur

Cliquez sur le menu 【Image】, sélectionnez l'élément de menu 【Réglages】 et sélectionnez l'option 【Filtre photo】 dans le menu en cascade pour ouvrir la boîte de dialogue, comme illustrée à la Figure 2-34. En utilisant le principe de couleurs complémentaires, réduisez directement la composante de couleur foncée ou augmentez sa couleur complémentaire, de sorte que les valeurs des trois composantes de couleur soient proches en gros, comme illustré à la Figure 2-35. Les nouvelles valeurs des composantes de couleur après l'ajustement sont présentées.

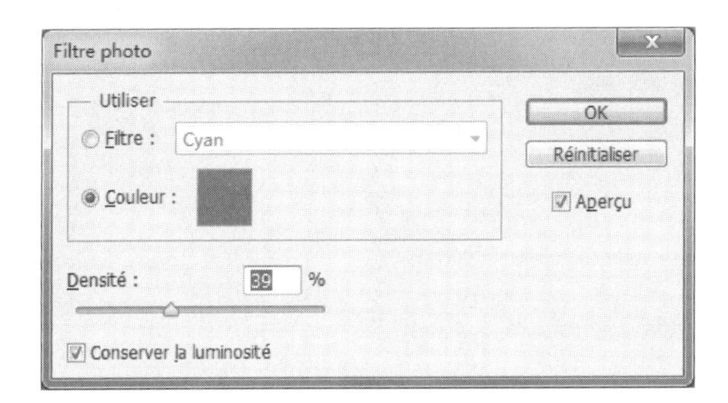

Figure 2-34 Fenêtre 【Filtre photo】

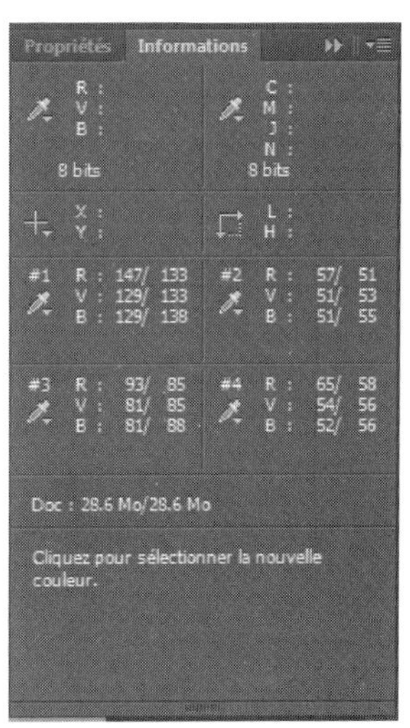

Figure 2-35 Panneau d'informations après l'ajustement

2. Réglage de la saturation

Dans la barre de menus, sélectionnez 【Image】 → 【Réglages】 → 【Vibrance】 pour ouvrir la boître de dialogue, comme le montre la Figure 2-36. La fonction de cette option permet d'ajuster la couleur dans l'ensemble. En réglant le curseur Saturation, vos réglages s'appliquent à toutes les couleurs de l'image; et le réglage de saturation naturelle distinguera la saturation actuelle de la couleur et augmentera seulement la saturation de la couleur de faible saturation, afin d'éviter le recadrage de la couleur tendant à être saturée et la perte des détails.

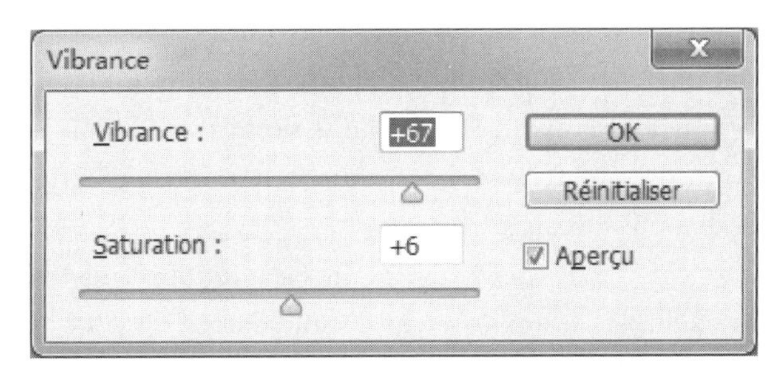

Figure 2-36 Fenêtre Saturation naturelle

Ⅵ. Améliorer la netteté de l'image

Le renforcement de la netteté fait ressortir les détails d'une image, qui indiquent les nuances évidentes de couleurs. Par conséquent, l'accentuation de la netteté consiste à augmenter le contraste des bords de l'image, les procédés spécifiques sont comme suit:

Cliquez sur le menu 【Filtre】, sélectionnez l'élément de menu 【Renforcement】 et sélectionnez l'option 【Accentuation】 dans le menu en cascade pour ouvrir la boîte de dialogue 【Renforcement】, comme le montre la Figure 2-37. La netteté de l'image rend l'image plus claire, elle a pour essence d'accentuer la différence des couleurs là où les nuances sont bien évidentes dans l'image.

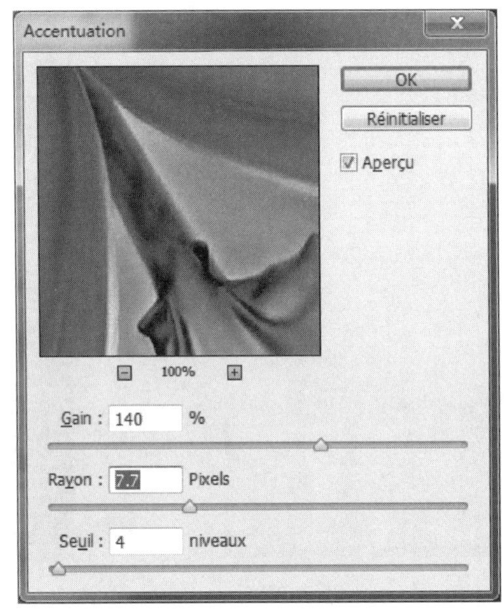

Figure 2-37　Fenêtre Accentuation USM

Au coin supérieur gauche de la fenêtre Accentuation USM est la partie de l'image à traiter. Le rapport d'affichage peut être ajusté par les touches «+» et «-» en dessous, la valeur d'affichage par défaut est 100%. Après la modification des paramètres, dans la zone du coin supérieur gauche s'affiche l'effet de l'image ajustée. Déplacez le curseur sur cette image partielle, maintenez le bouton gauche de la souris enfoncé et vous allez voir l'effet d'image avant l'ajustement, relâchez le bouton gauche de la souris, l'effet d'image ajusté va s'afficher. Vous pouvez constater l'effet d'accentuation de la netteté en appuyant sur le bouton gauche de la souris et le relâchant.

Description des paramètres. Quantité: indique l'intensité du traitement appliqué, une valeur élevée accroît le contraste; rayon: détermine le nombre de pixels entourant les pixels de contour affectés par le renforcement; seuil: déterminer le degré de différence entre les pixels pour détecter les bords dans une image.

Séquence de réglage: en règle générale définissez d'abord les valeurs initiales de la quantité et du seuil, par exemple, la quantité est définie entre 100% et 300%, le seuil sur 0, de sorte que l'image reste en état le plus sensible; puis ajustez le rayon, les images avec des contours évidents, comme les machines, les bâtiments, etc., peuvent utiliser un rayon relativement élevé, tel que 1 à 2 pixels, les images avec des contours détaillés et doux, telles que les personnes et les plantes, le rayon doit être moins élevé, environ 0,5 à 1 pixel; réajustez par la suite la quantité et le seuil jusqu'à avoir un résultat satisfaisant.

Veuillez voir le Tableau 2-1 pour la configuration des paramètres de la netteté optimisée USM.

Tableau 2-1 Accentuation USM Valeurs de référence des paramètres d'accentuation

Contenu de l'image	Paramètres		
	Quantité	Rayon	Seuil
Personnes aux contours doux	80%～120%	1～2	10
Photos de paysage, fleurs, animaux	100%～200%	0.7～1	3～5
Bâtiments, machines, automobiles aux contours évidents	80%～150%	1～4	5～10
Diverses images ordinaires	120%	1	4

Section 3 Embellissement de photo

Il y a inévitablement de petits défauts qui endommagent votre image et la rend désordonnée, comme des fils électriques en désordre ou des débris difficiles à contourner lors de la prise de photos. Ne transigez pas sur la qualité des images, les outils d'embellissement de Photoshop peuvent faire des merveilles en évitant les éléments indésirables.

Ⅰ. Tampon de duplication

L'outil Tampon de duplication consiste à échantillonner une partie de l'image qui servira de source pour effacer un élément et le remplacer par cette source. Les procédés spécifiques sont comme suit:

Étape 1. Cliquez sur le bouton【Nouveau】sous le panneau Calque, comme illustré à la Figure 2-38, créez un nouveau calque au-dessus du calque d'arrière-plan et sélectionnez ce nouveau calque vierge, comme le montre la Figure 2-39.

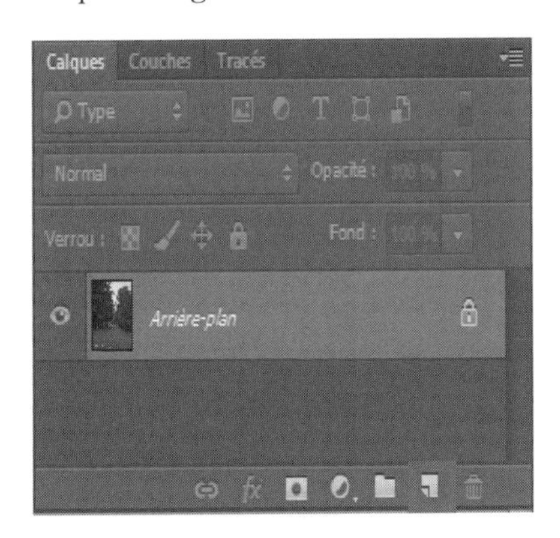

Figure 2-38 Panneau Calque

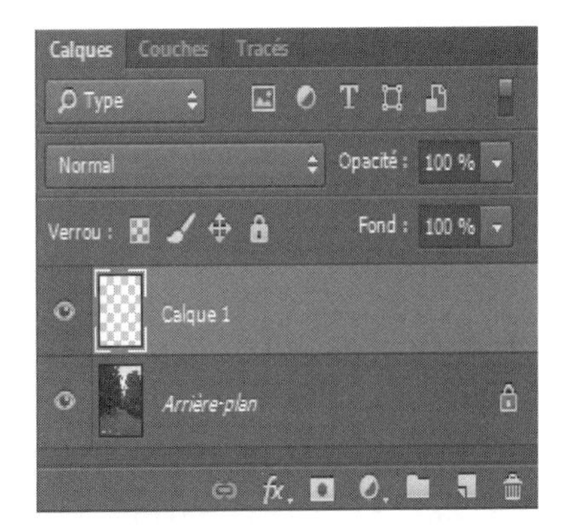

Figure 2-39 Nouveau calque créé

Étape 2. Sélectionnez【Outil Tampon de duplication】dans【Boîte à outils】, comme illustré à la Figure 2-40.

Étape 3. Définissez les paramètres tels que la taille du pinceau, l'opacité et le débit, ainsi que la source d'échantillonnage, etc. dans la barre de propriétés de l'outil Tampon de duplication, comme l'illustre la Figure 2-41.

Figure 2-40　【Outil Tampon de duplication】

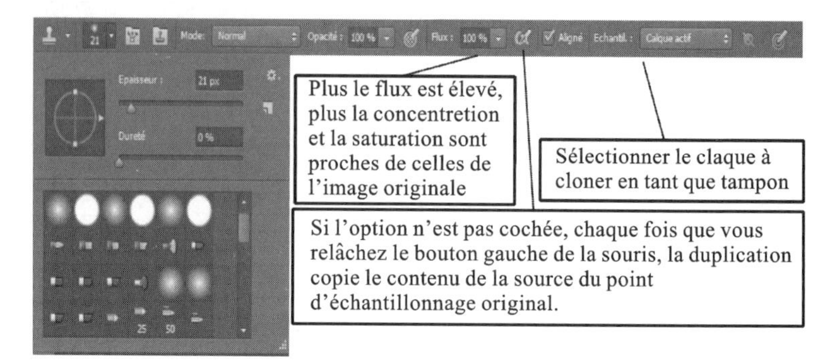

Figure 2-41　Configuration des propriétés de l'outil Tampon de duplication

Étape 4. Lorsque le curseur est déplacé sur l'image, sa forme deviendra un cercle creux et la zone qu'il entoure est la zone à copier, comme illustré à la Figure 2-42. Appuyez sur la touche Alt de votre clavier et maintenez-la enfoncée pendant que vous cliquez sur l'endroit où vous souhaitez l'échantillon, comme le montre la Figure 2-43.

Figure 2-42　Forme de curseur lors de la duplication de tampon

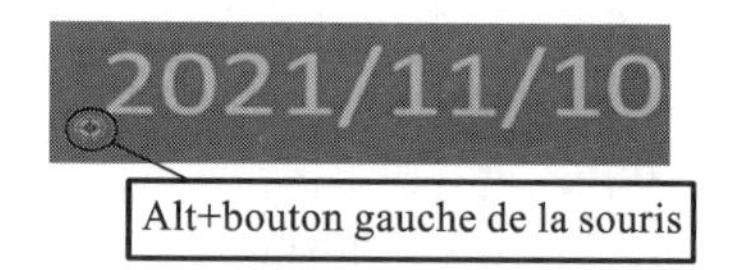

Figure 2-43　Forme de curseur lors de l'échantillonnage

Étape 5. En peignant sur l'élément à supprimer, comme illustré à la Figure 2-44, vous pouvez copier votre échantillon, comme illustré à la Figure 2-45. Après la couverture, vous pouvez voir le contenu copié sur la vignette du calque, comme le montre la Figure 2-46.

Figure 2-44　Dessiner l'image clonée

Figure 2-45　Effet après la couverture

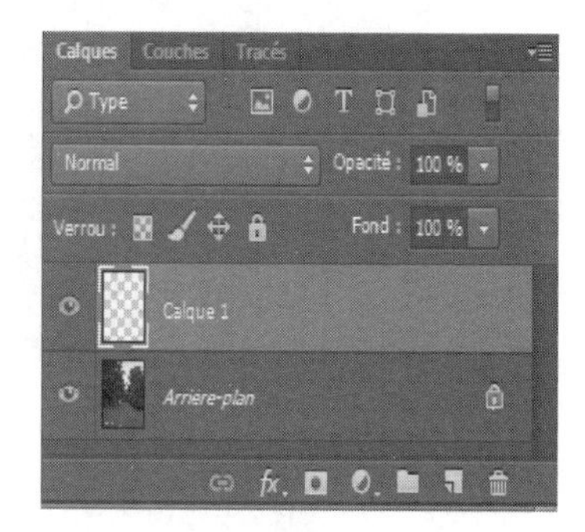

Figure 2-46　Changement sur la vignette du calque

Remarque

1. Créez un nouveau calque pour la duplication, une fois les modifications apportées ne sont pas satisfaisantes, il suffit de supprimer ce nouveau calque, cela n'affectera pas votre image d'origine.

2. La sélection de toutes les options de calque dans la liste déroulante【échantillon】a pour raison de permettre à l'outil Tampon de duplication d'obtenir les informations d'image à partir de « l'image après la fusion de toutes les couches », puis de stocker les informations suite à la duplication dans le nouveau calque récemment créé; si vous utilisez par défaut le calque existant, comme le calque actuel est vide, n'importe comment vous peignez, rien ne sera copié.

3. Il est recommandé d'augmenter l'échelle d'affichage de l'image pour faciliter la prise des échantillons et la peinture.

4. Lorsque vous dessinez, une croix apparaîtra sur l'image originale que vous dévoilez l'image clonée.

5. Pour remplacer un objet de grande dimension, assurez-vous de rééchantillonner l'image fréquemment pour éviter les coutures où vous clonez.

6. L'outil Tampon de duplication ne se limite pas dans la même image, il peut également copier le contenu partiel d'une image vers une autre image. Lors de la duplication entre des images différentes, vous pouvez placer les deux images côte à côte dans la fenêtre Photoshop pour comparer la position de la source de duplication et le résultat cloné de l'image de destination.

Ⅱ. Correction de texture

L'outil Tampon de duplication est bien pratique, mais il a son désavantage que l'image corrigée ne serait pas naturelle à cause des éventuelles coutures si la zone de source duplication et la zone de destination ont des luminosités bien différentes. Les outils de correction peuvent surmonter ce défaut, ils sont capables de retoucher les coutures dans l'image de destination, de rendre la luminosité de la zone réparée proche des pixels avoisinants, et d'assurer finalement un effet de réparation plus naturel.

1. Outil Correcteur localisé

L'outil Correcteur localisé pour la correction de taches est assez magique, vous pouvez éliminer les taches indésirables et les objets superflus qu'il y a sur votre image avec cet outil. Il vous faudra le sélectionner et le faire passer sur la partie de l'image que vous voulez supprimer, et cela disparaitra automatiquement, tout en conservant la luminosité de la zone réparée, afin que le résultat de la réparation ne laisse aucune trace. Le processus de réparation est indiqué comme suit:

Étape 1. Cliquez sur le bouton【Créer un nouveau calque】dans le【Panneau des calques】pour y dessiner le contenu de réparation.

Étape 2. Sélectionnez le 【Outil Correcteur localisé】 dans la 【Boîte à outils】, comme illustré à la Figure 2-47, dans la barre de propriétés de l'outil, définissez le pinceau sur une taille appropriée, le mode normal et le type de sélection pour la similarité des couleurs, puis cochez la case Échantillonner tous les calques, comme illustré à la Figure 2-48.

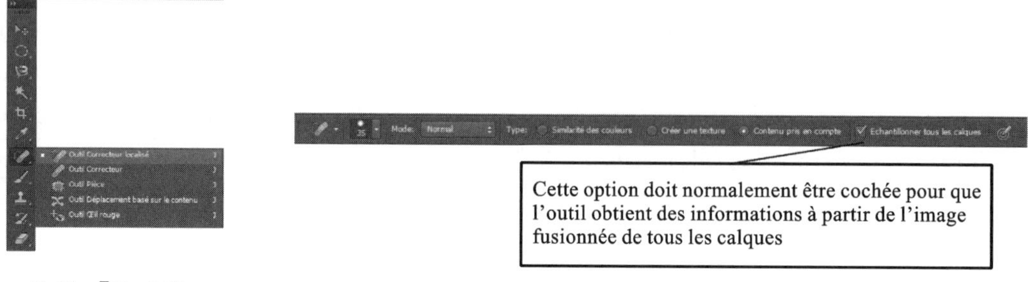

Figure 2-47 【Outil Correcteur localisé】

Figure 2-48 Exemple de configuration des propriétés de l'outil Correcteur localisé

Étape 3. Une fois les propriétés du Correcteur localisé bien définies, cliquez ou peignez directement sur la tache pour terminer la réparation.

Remarque

1. Si la réparation d'un petit défaut n'est pas satisfaisante, vous pouvez repeindre le défaut, et Photoshop va le réparer en utilisant les pixels autour du bord de la sélection pour trouver une zone d'image pouvant être appliquée sur la zone sélectionnée.

2. Si la zone environnante n'offre pas de texture d'échantillon satisfaisante, choisissez la commande Nouvelle texture dans la barre de propriétés de l'outil. Photoshop utilise tous les pixels d'une sélection pour créer une texture permettant de corriger la zone.

3. Le correcteur localisé convient à réparer indésirables ou les objets superflus, comme les taches sur la peau ou les petites rayures sur la photo. Cependant, puisque l'outil peut capturer automatiquement les parties environnantes pour remplir la zone réparée, si la zone à réparer est complexe, cet outil ne sera plus convenable à faire la réparation.

2. Outil Correcteur

L'outil Correcteur corrige des imperfections étendues. Il est similaire à l'outil Tampon de duplication, mais il peut maintenir les nuances de luminosité et d'obscurité dans la zone réparée, rendant la réparation plus naturelle. Le processus de réparation est comme suit:

Étape 1. Cliquez sur le bouton 【Créer un nouveau calque】 dans le 【Panneau des calques】 pour y dessiner le contenu de réparation.

Étape 2. Maintenez le 【Correcteur localisé】 appuyé dans la 【Boîte à outils】, sélectionnez 【Correcteur】 dans la liste des groupes d'outils ouverts, comme illustré à la Figure 2-49, dans la barre de propriétés de l'outil, définissez le pinceau sur une taille appropriée, le mode normal et la source Échantillon, puis cochez la case Aligné, choisissez l'option Échantillonner tous les calques dans la liste déroulante des échantillons, comme le montre la Figure 2-50.

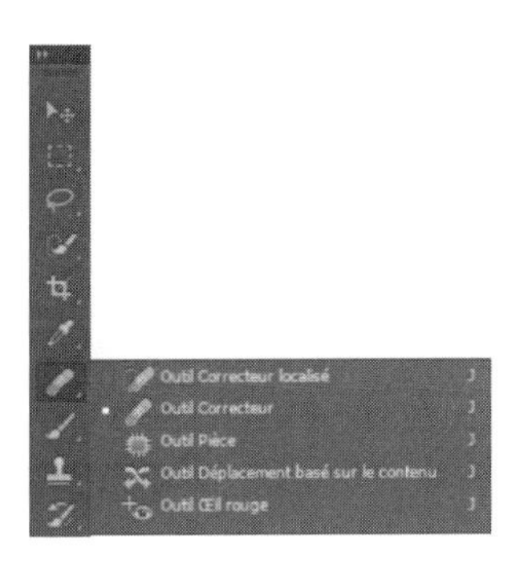

Figure 2-49 【Outil Correcteur】

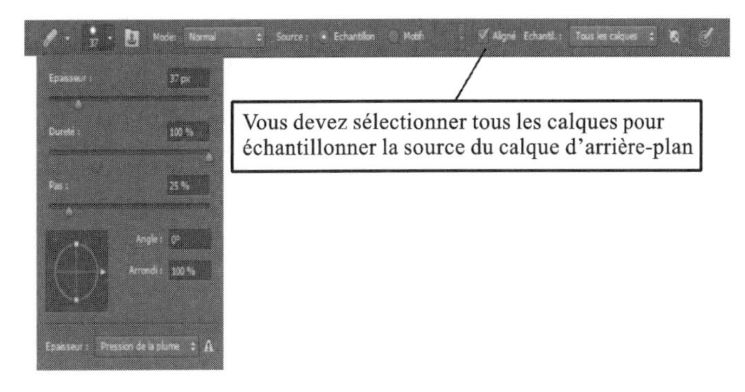

Figure 2-50 Exemple de configuration des propriétés de l'outil Correcteur

Étape 3. Maintenez la touche Alt enfoncée et cliquez sur le bouton gauche de la souris pour prélever les données de l'échantillon, comme illustré à la Figure 2-51.

Étape 4. Faites glisser le pointeur sur l'imperfection pour fusionner les données existantes avec les données prélevées, comme l'illustre la Figure 2-52.

Figure 2-51 Prélèvement d'échantillon

Figure 2-52 Correction

Remarque

1. Si vous retouchez une zone de grande dimension, vous pouvez rééchantillonner fréquemment votre source et peindre pour obtenir l'image parfaite.

2. Durant la peinture, rééchantillonnez fréquemment votre source pour peindre le même endroit et obtenir un effet idéal.

3. L'outil Tampon de duplication peut éviter l'influence de la zone environnante sur le résultat de la réparation. Pendant le processus de travail, vous pouvez alternativement utiliser l'outil Tampon de duplication et l'outil Correcteur pour rendre la réparation plus naturelle.

4. En travaillant sur un niveau de détail aussi complexe, il est recommandé d'agrandir l'image et de définir une taille de pinceau petite, afin d'obtenir un effet de correction naturel et précis.

3. Outil Pièce

L'outil Pièce consiste à réparer les zones en bloc, convenable à effectuer la correction sur des zones de grande dimension et moins détaillées. Les procédés de réparation sont comme suit:

Étape 1. Maintenez le【Correcteur localisé】appuyé dans la【Boîte à outils】, sélectionnez【Outil Pièce】dans la liste des groupes d'outils ouverts, comme illustré à la Figure 2-53, conservez par défaut les valeurs dans la barre de propriétés de l'outil, comme le montre la Figure 2-54.

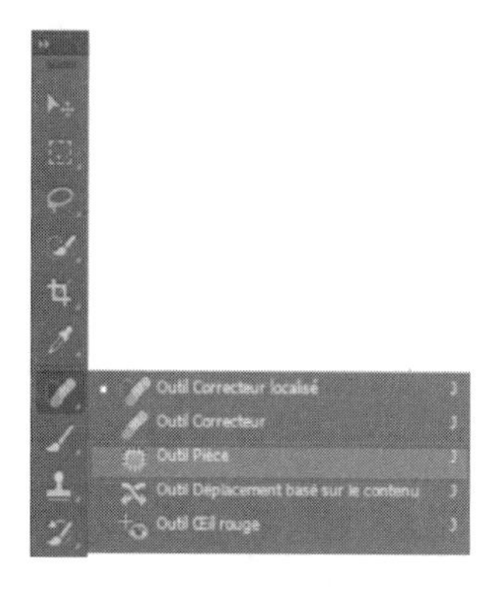

Figure 2-53 【Outil Pièce】

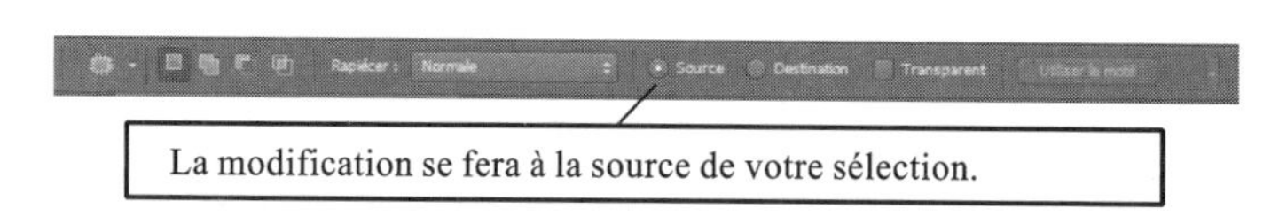

Figure 2-54 Barre de propriétés de l'outil Pièce

Étape 2. Sélectionnez avec l'outil Pièce la zone de t âches à remplacer sur l'image, comme le montre la Figure 2-55, faites glisser la sélection dans la zone propre pour cloner, comme montré à la Figure 2-56, vous pouvez ainsi rapiécer automatiquement la zone en la bouchant avec la zone propre choisie, comme le montre la Figure 2-57.

Figure 2-55 Commencer la sélection

Figure 2-56 Finir la sélection

Figure 2-57 Faire glisser la sélection

Remarque

1. Lorsque vous utilisez l'outil Pièce, vous pouvez également définir l'élément de clonage comme destination dans la barre de propriétés, puis sélectionner la zone de destination et la faire glisser vers la zone à réparer.

2. L'outil de réparation ne fonctionne que sur le calque actuel, vous ne pouvez donc pas créer un nouveau calque vierge pour effectuer la réparation. Si la zone de destination provient de plusieurs calques, vous pouvez d'abord utiliser les touches de raccourci【Ctrl + Alt + Maj + e】pour exécuter l'estampage des calques, cela a pour fonction de fusionner tous les calques actuellement visibles en un nouveau calque, les anciens calques originaux restent intacts. Après l'estampage des calques, vous pouvez effectuer la correction avec l'outil Pièce sur le nouveau calque.

Ⅲ. Sublimer les détails

Après l'amélioration globale de la qualité de l'image, il est souvent nécessaire de sublimer des détails de l'image. Cela comprend de nombreux aspects d'une extrême précision, tels que le réglage plus détaillé de la luminosité, de la netteté et des couleurs, etc.

1. Outil Remplacement de couleur

L'outil Remplacement de couleur peint sur une couleur cible avec une couleur de remplacement. Il a pour son principe de travail d'ajuster la teinte des pixels de la zone à remplacer, l'outil ne fonctionne pas sur les couleurs comme le noir, le blanc et le gris. Les procédés spécifiques sont comme suit:

Étape 1. Sélectionnez la zone dont la couleur va être remplacée, voir la méthode dans la partie « Tâche 5 ».

Étape 2. Cliquez sur l'outil 【Pinceau】 dans la 【Boîte à outils】 et maintenez le bouton de la souris enfoncé pour ouvrir la liste des groupes d'outils, puis sélectionnez l'option 【Outil Remplacement de couleur】, comme illustré à la Figure 2-58, dans la barre de propriétés de l'outil, définissez les propriétés telles que la taille du pinceau et la tolérance, etc., comme le montre la Figure 2-59.

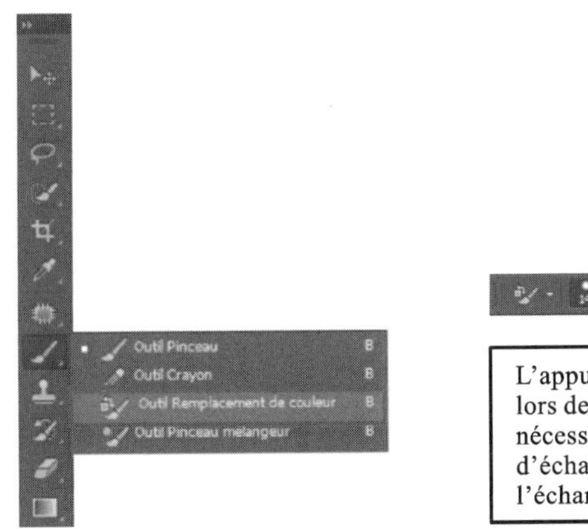

Figure 2-58 【Outil Remplacement de couleur】

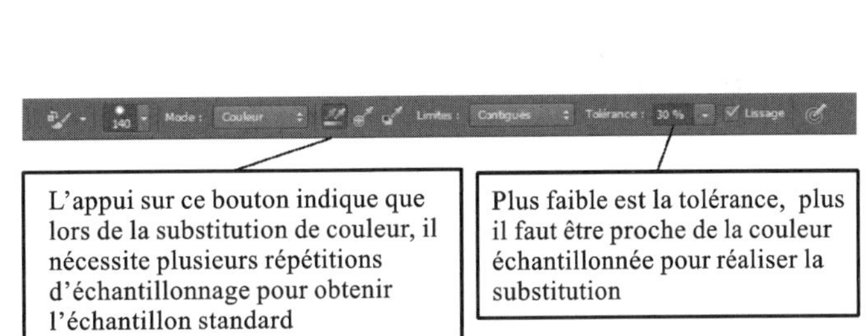

Figure 2-59 Barre de propriétés de l'outil Remplacement de couleur

Étape 3. Cliquez sur le bloc de couleurs en bas de la 【Boîte à outils】, comme illustré à la Figure 2-60, ouvrez la boîte de dialogue 【Sélecteur de couleurs(couleur de premier plan)】 et définissez la couleur de premier plan pour la couleur que vous préférez, comme illustré à la Figure 2-61.

Étape 4. Peignez la zone de sélection à l'aide de l'outil Remplacement de couleur, comme illustré à la Figure 2-62, et terminez le remplacement de couleur, comme illustré à la Figure 2-63.

Figure 2-60 Définition de la couleur du premier plan

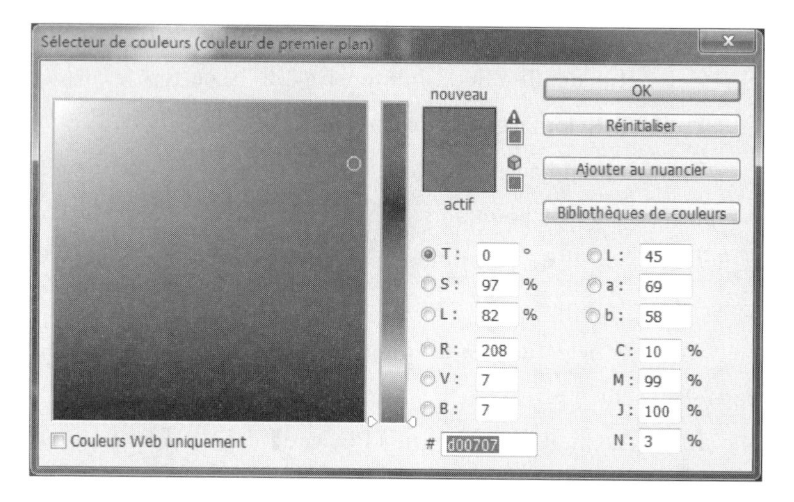

Figure 2-61 Boîte de dialogue【Sélecteur de couleurs (couleur de premier plan)】

Figure 2-62 Remplacement de couleur

Figure 2-63 Effet après le remplacement de couleur

2. Renforcer la luminosité et la netteté

Utilisez l'outil Densité et l'outil Netteté pour effectuer le réglage de la luminosité et de la netteté des parties détaillées de l'image. Différent du réglage à l'aide du menu dans la tâche Trois, le réglage avec les outils est pour faire la correction des détails de l'image, c'est-à-dire que le réglage est fait seulement dans la zone peinte par les outils, le reste est intact. Les étapes de travail spécifiques sont comme suit:

Étape 1. Dans la【Boîte à outils】, sélectionnez【Outil Densité -】, comme illustré à la Figure 2-64, définissez les propriétés dans la barre de propriétés de l'outil, comme illustré à la Figure 2-65, puis cliquez sur la zone réfléchissante pour augmenter sa luminosité, comme le montre la Figure 2-66.

Figure 2-64　Barre de propriétés de【Outil Densité-】

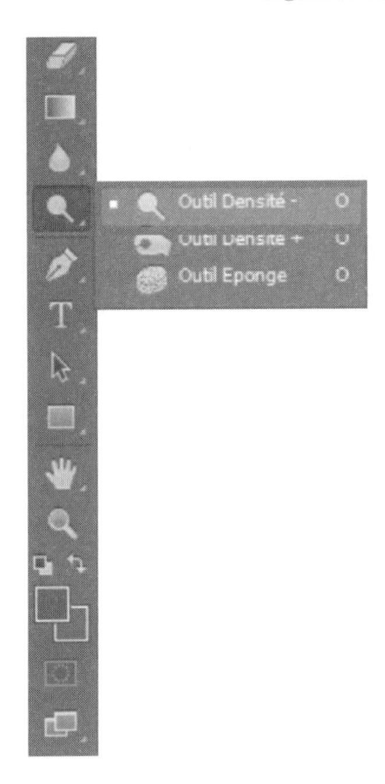

Figure 2-65　【Outil Densité-】

Figure 2-66　Cliquer sur la zone réfléchissante avec l'outil Densité-

Étape 2. Cliquez sur l'option【Outil Goutte d'eau】dans la【Boîte à outils】et maintenez le bouton de la souris enfoncé pour ouvrir la liste des groupes d'outils, sélectionnez【Outil Netteté】, comme illustré à la Figure 2-67, définissez les propriétés dans la barre de propriétés de l'outil, comme le montre la Figure 2-68, puis cliquez sur le contour de l'objet dans l'image pour améliorer la netteté de l'image, comme le montre la Figure 2-69.

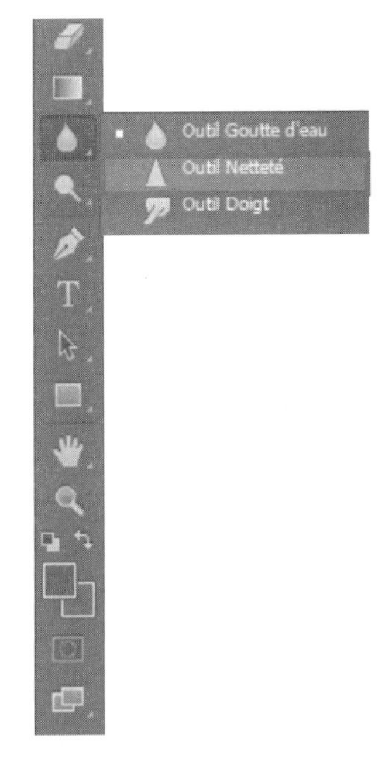

Figure 2-67　【Outil Netteté】

Figure 2-68　Barre de propriétés de【Outil Netteté】

Figure 2-69 Cliquer sur le contour de l'objet avec l'outil Netteté

Section 4 Créer une sélection

À l'édition et la correction d'une image, nous avons souvent besoin de retoucher une certaine partie spécifique de l'image. Et lors de la création d'une œuvre d'image, nous aurons également besoin d'une certaine partie spécifique de l'image pour former une nouvelle image, c'est d'extraire un contenu spécifique dans l'image. Concernant le traitement de ces zones spécifiques de l'image, nous utilisons essentiellement les outils de sélection. Photoshop fournit une variété d'outils de sélection, qui nous permettent d'effectuer dans les diverses circonstances une sélection avec rapidité et précision.

Ⅰ. Groupe d'outils Rectangle de sélection

Les outils de sélection comprennent l'outil Rectangle de sélection, l'outil Ellipse de sélection, l'outil Rectangle de sélection 1 rangée, et l'outil Rectangle de sélection 1 colonne, le groupe d'outils permettent de sélectionner des zones géométriques.

Dans le panneau 【Boîte à outils】, maintenez le bouton 【Outil Rectangle de sélection】 enfoncée pour ouvrir la liste du groupe d'outils de sélection, comme illustré à la Figure 2-70. Faites glisser les outils Rectangle de sélection ou Ellipse de sélection sur la zone à sélectionner; si vous utilisez l'outil Rectangle de sélection 1 rangée ou Rectangle de sélection 1 colonne, cliquez près de la zone à sélectionner, puis faites glisser la sélection jusqu'à l'emplacement exact. Après la sélection de votre outil approprié, prenez l'outil Rectangle de sélection comme exemple, vous pouvez définir les propriétés de l'outil dans la barre correspondante, comme le montre la Figure 2-71.

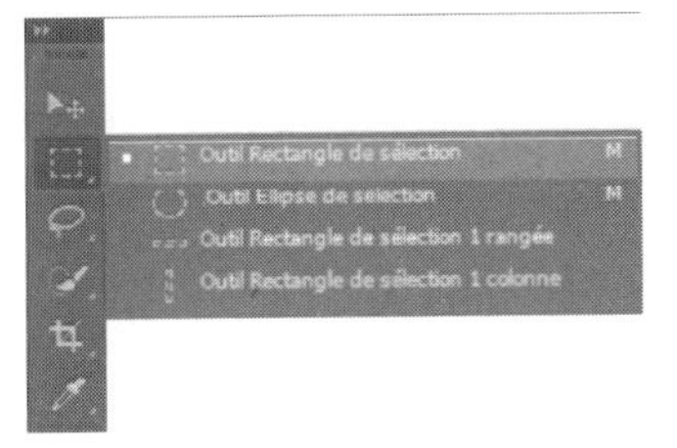

Figure 2-70 【Outil Rectangle de sélection】

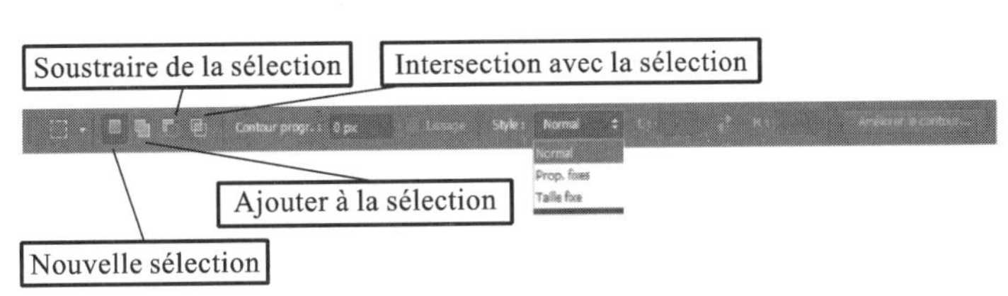

Figure 2-71　Barre de propriétés de l'outil Rectangle de sélection

① 【Nouvelle sélection】 sert à créer une nouvelle sélection.

② 【Ajouter à la sélection】 sert à ajouter une nouvelle sélection aux sélections existantes.

③ 【Soustraire de la sélection】 est utilisé pour la supression d'une nouvelle sélection à l'intérieur des sélections existantes.

④ 【Intersection avec la sélection】 est pour sélectionner la partie d'intersection entre les sélections existantes et la nouvelle sélection.

⑤ 【Style】 est utilisée pour contraindre la forme de la zone de sélection, il y a 3 styles dans la barre d'options: 【Normale】 définit les proportions du cadre de sélection par glissement; 【Prop. fixes】 définit le rapport entre la largeur et la hauteur de la sélection; 【Taille fixe】 éfinit le rapport entre la largeur et la hauteur, avec ce style, vous n'aurez pas besoin de faire glisser le pointeur, mais faire un simple clic sur l'image pour former une sélection de taille fixe avec l'emplacement de clic comme point du coin supérieur gauche; si vous cliquez tout en maintenant la touche Alt enfoncée, c'est de définir le cadre de sélection à partir de l'emplacement de clic qui est son centre.

Prenons l'outil Rectangle de sélection comme exemple pour voir comme utiliser l'outil de sélection de Photoshop:

① Cliquez et faites glisser directement sur l'image pour effectuer une sélection rectangulaire avec le point de départ comme son point du coin supérieur gauche et le point final comme point du coin inférieur droit, comme illustré à la Figure 2-72. La flèche marque le sens d'agrandissement du rectangle de sélection.

② Cliquez et faites glisser tout en maintenant la touche Maj. enfoncée pour effectuer une sélection carrée avec le point de départ comme son point du coin supérieur gauche et le point final comme point du coin inférieur droit, comme illustré à la Figure 2-73. La flèche marque le sens d'agrandissement du carré de sélection.

Figure 2-72　Faire glisser directement

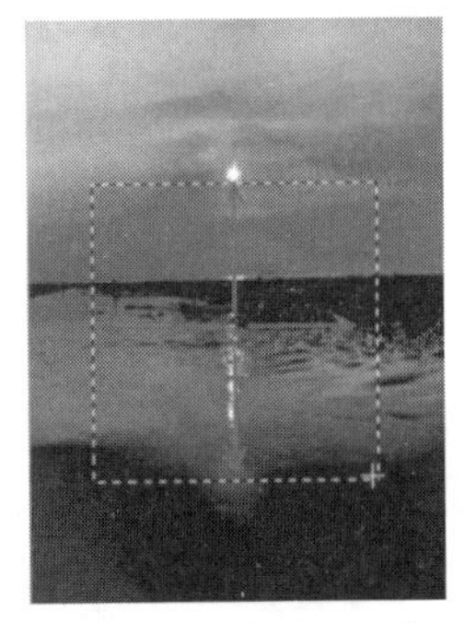

Figure 2-73　Faire glisser en maintenant la touche Maj. enfoncée

③ Cliquez et faites glisser tout en maintenant la touche Alt enfoncée pour effectuer une sélection rectangulaire à partir du centre de l'image qui est le point de départ, comme illustré à la Figure 2-74. La flèche marque le sens d'agrandissement du rectangle de sélection.

④ Cliquez et faites glisser tout en maintenant les touches Maj. et Alt enfoncées pour effectuer une sélection carrée à partir du centre de l'image qui est le point de départ, comme illustré à la Figure 2-75. La flèche marque le sens d'agrandissement du carré de sélection.

Figure 2-74　Faire glisser en maintenant la touche Alt enfoncée

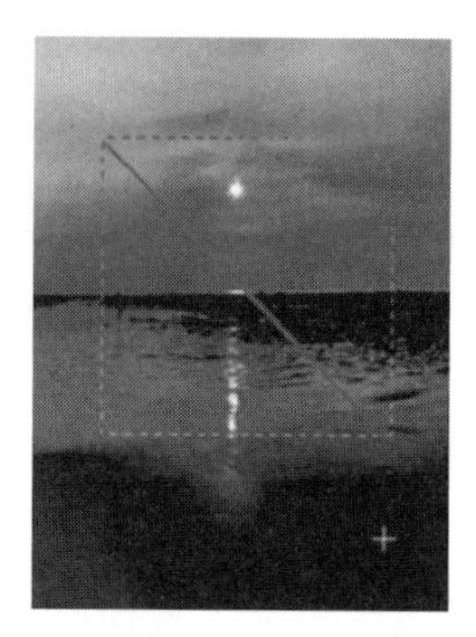

Figure 2-75　Faire glisser en maintenant les touches Maj. et Alt enfoncées

Les procédés de travail des outils Rectangle de sélection et Ellipse de sélection sont exactement les mêmes.

Remarque

1. Après la sélection, vous pouvez déplacer cette sélection en la faisant glisser faites glisser dans la zone de sélection.

2. Pendant le tracé, sans relacher le bouton gauche de la souris, vous pouvez déplacer la zone de sélection tout en appuyant sur la barre d'espace. Relachez la barre d'espace, mais maintenez le bouton de la souris enfoncé si vous devez continuer à régler le cadre de sélection.

3. L'utilisation des touches de fonction sus-mentionnées sont pour le cas où aucune sélection n'est pas créée dans l'image, sinon, c'est d'ajouter *a* la sélection si vous appuyez sur la touche Maj. , et de soustraire de la sélection si vous appuyez sur la touche【Alt】.

Ⅱ. Groupe d'outils Lasso

Le groupe d'outils Lasso comprend l'outil Lasso, l'outil Lasso polygonal et l'outil Lasso magnétique, les outils permettent d'effectuer des sélections libres en délimitant la zone.

Dans le panneau【Boîte à outils】, maintenez le bouton【Outil Lasso】enfoncée pour ouvrir la liste du groupe d'outils de sélection, comme illustré à la Figure 2-76. Les propriétés des trois outils indiquent principalement【Nouvelle sélection】,【Ajouter à la sélection】,【Soustraire de la sélection】et【Intersection avec la sélection】, etc. , leur définition et fonction sont les mêmes que dans le groupe d'outils Rectangle de sélection. Les procédés de travail des outils du groupe Lasso sont comme suit.

1. Outil Lasso

【Outil Lasso】 est un outil pour dessiner de façon manuelle une sélection, cliquez et faites glisser directement sur votre image pour effectuer une sélection libre, quand vous approchez du début du tracé, relâchez le bouton de la souris ou du pavé tactile pour fermer la sélection, comme le montre la Figure 2-77.

Figure 2-76 【Outils Lasso】

Figure 2-77 Sélection avec l'outil Lasso

2. Outil Lasso polygonal

L'outil Lasso polygonal permet de sélectionner par clic les segments rectilignes d'une sélection. Les procédés de travail sont comme suit:

Étape 1. Cliquez n'importe où sur le polygone pour déterminer le point de départ de la sélection, comme illustré à la Figure 2-78.

Étape 2. Cliquez au point de virage qui sera le sommet du polygone, comme illustré à la Figure 2-79.

Étape 3. Quand vous revenez au début, cliquez dessus pour fermer la sélection, ou double-cliquez directement pour connecter automatiquement l'emplacement double-cliqué et le point de départ avec un segment de ligne, comme illustré à la Figure 2-80.

Figure 2-78 Point de départ de la sélection

Figure 2-79 Point de virage de la sélection

Figure 2-80 Point final de la sélection

Remarque

1. Appuyez sur la touche Supression durant la sélection pour supprimer le sommet précédent.

2. Faites glisser tout en maintenant la touche Maj enfoncée pour limiter le movement à des multiples de 45 degrés.

3. Outil Lasso magnétique

【Outil Lasso magnétique】 permet de faire la sélection en fonction de la comparaison des pixels avoisinants,le cadre s'aligne automatiquement sur les contours des zones définies dans la partie de l'image, l'outil est plus particulièrement utile pour sélectionner rapidement des objets avec des bords complexes sur des couleurs ou luminosités très contrastés. La barre de propriétés de l'outil Lasso magnétique est comme le montre la Figure 2-81.

Figure 2-81 Barre de propriétés de l'outil Lasso magnétique

① Les quatre options de sélection 【Nouvelle sélection】, 【Ajouter à la sélection】, 【Soustraire de la sélection】, 【Intersection avec la sélection】 sont les mêmes que dans l'outil Rectange de sélection.

② 【Largeur】: l'outil Lasso magnétique détecte l'objet à une certaine distance en prenant le pointeur comme le centre, afin de trouver les contours de l'objet, la modification de la valeur Largeur permet de changer la plage de détection. Pour que le pointeur du lasso adopte la largeur définie,appuyez sur la touche Verr maj.

③ 【Contraste】: pour définir la sensibilité du lasso aux contours de l'objet, cela est vu comme le critère de détection. Une valeur élevée ne permet de détecter que les contours qui contrastent nettement avec leur environnement; une valeur faible détecte les contours moins contrastés.

④ 【Fréquence】: pour définir le rythme auquel le lasso définit les points d'ancrage,plus la valeur est élevée,plus le cadre de sélection est ancré rapidement.

Le procédé de travail de l'outil Lasso magnétique: cliquez sur le point de départ de votre sélection et faites glisser la souris le long du bord pour délimiter automatiquement le cadre de sélection,comme illustré à la Figure 2-82,cliquez chaque fois que vous souhaitez positionner un point d'ancrage.

Figure 2-82 Créer une sélection à l'aide de l'outil Lasso magnétique

Remarque

Pour supprimer un point d'ancrage qui ne vous convient pas, appuyez sur la touche 【Suppr】 de votre clavier.

Ⅲ. Groupe d'outils Sélection rapide

Le groupe d'outils Sélection rapide comprend l'outil Sélection rapide et l'outil Baguette magique, les outils permettent de créer une sélection en fonction des couleurs de votre image.

Dans le panneau 【Boîte à outils】, maintenez le bouton 【Outil Sélection rapide】 enfoncé pour ouvrir la liste des groupes d'outils Sélection rapide, comme illustré à la Figure 2-83. Les méthodes d'utilisation des outils Sélection rapide sont comme suit.

1. Outil Sélection rapide

【Outil Sélection rapide】 nous permet de peindre directement sur l'image, l'outil sélectionne automatiquement les tonalités similaires pour créer une sélection, comme le montre la Figure 2-84. La barre de propriétés de l'outil Sélection rapide est comme illustrée à la Figure 2-85. Cochez la case 【Accentuation automatique】 dans la barre d'options pour rendre la détection de sélection plus précise.

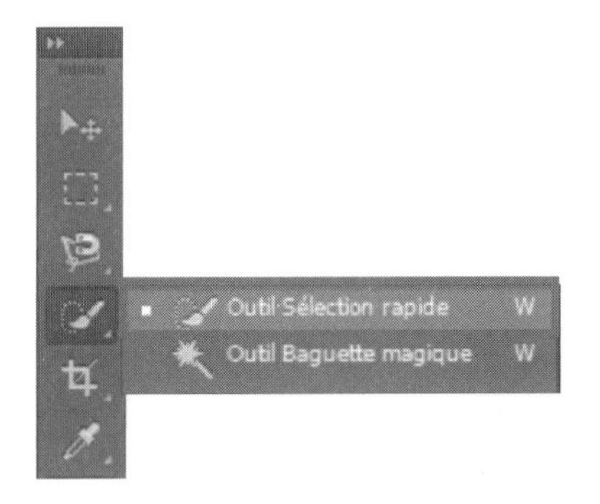

Figure 2-83 【Outils Sélection rapide】

Figure 2-84 Créer une sélection avec l'outil Sélection rapide

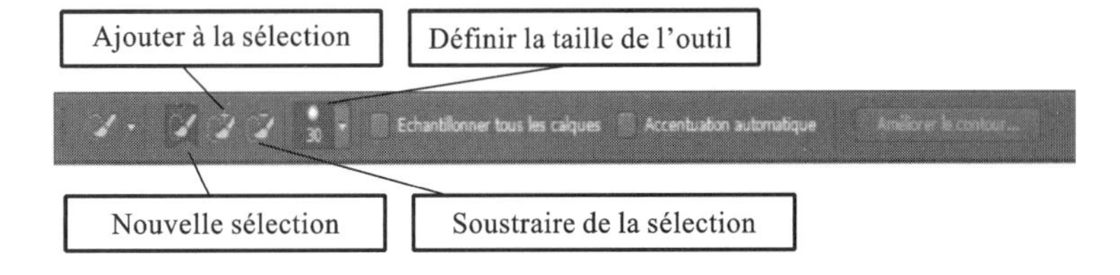

Figure 2-85 Barre de propriétés de l'outil Sélection rapide

2. Outil Baguette magique

【Outil Baguette magique】 effectue la sélection par clic, en examinant le ton et la couleur de la zone que nous avons sélectionnée et il sélectionnera les pixels qui contiennent la même valeur de couleur et de luminosité. Il est surtout efficace lors de la sélection des formes complexes. La barre de propriétés de l'outil Baguette magique est comme illustrée à la Figure 2-86.

Figure 2-86　Barre de propriétés de l'outil Baguette magique

① Les quatre options de sélection【Nouvelle sélection】,【Ajouter à la sélection】,【Soustraire de la sélection】,【Intersection avec la sélection】ont les mêmes fonctions que celles dans l'outil Rectange de sélection.

②【Tolérance】: entrez une valeur en pixels comprise entre 0 et 255, la définition de valeur est selon le contraste des couleurs dans l'image, comme le montre la Figure 2-87 et la Figure 2-88.

Figure 2-87　Effet de sélection avec la tolérance 32

Figure 2-88　Effet de sélection avec la tolérance 42

③【Pixels contigus】: sélectionne les zones adjacentes de même couleur, à défaut, tous les pixels de même couleur dans l'image sont sélectionnés, comme le montre la Figure 2-89; en crochant cette option, seules les zones adjacentes de même couleur que l'emplacement de clic seront sélectionnées, comme illustré à la Figure 2-90.

Figure 2-89　Effet sans crocher l'option【Contigu】

Figure 2-90　Effet après avoir croché l'option【Contigu】

④【Echant. tous les calques】: sélectionne les couleurs en utilisant des données provenant de tous les calques visibles. À défaut, l'outil Baguette magique sélectionne les couleurs exclusivement sur le calque actif.

Section 5　Fusionner les calques

Lorsque nous devons faire l'édition de certaines images, comme des affiches, des images promotionnel, des images arrière-plans de PPT et ainsi de suite, il nous faut jouer avec les éléments individuels collectés et créer une composition plus convaincante. Il est ainsi nécessaire pour nous de gérer la manière d'affichage des calques pour travailler sur l'image fusionnée.

Cette section prend exemple l'image d'arrière-plan de la diapositive, illustrée à la Figure 2-91, pour présenter les méthodes de base de création d'une œuvre multimédia.

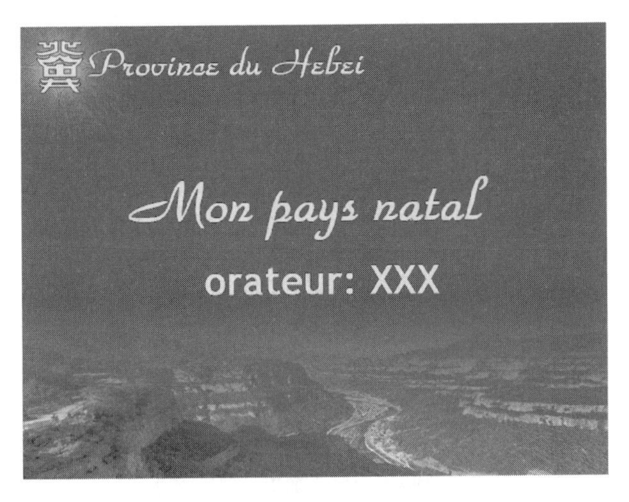

Figure 2-91　Image d'exemple de la fusion des calques-arrière-plan d'une diapositive

Ⅰ. Dessiner des formes

1. Créer un nouveau fichier et remplir la couleur d'arrière-plan

Étape 1. Cliquez sur le menu【Fichier】et sélectionnez l'élément de menu【Nouveau…】, comme illustré à la Figure 2-92. Dans la fenêtre ouverte, définissez les paramètres du nouveau document en fonction des paramètres indiqués dans la Figure 2-93.

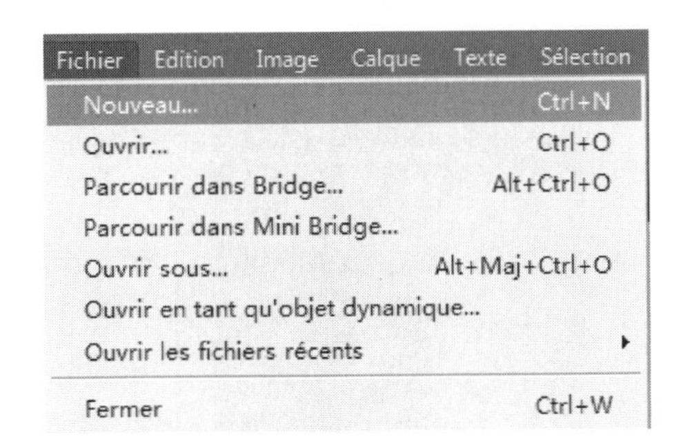

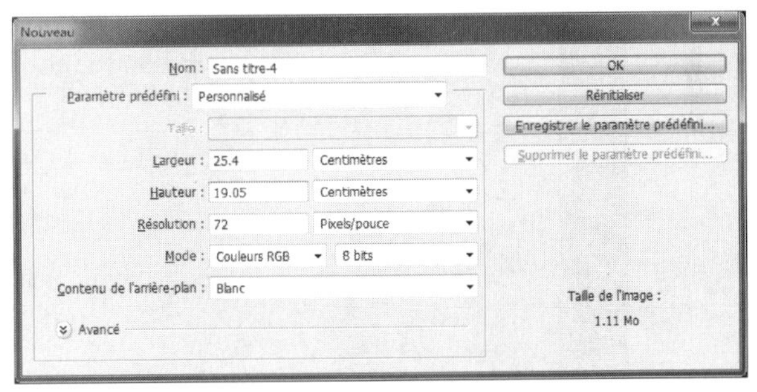

Figure 2-92　Option【Nouveau…】

Figure 2-93　Fenêtre【Nouveau】

Étape 2. Cliquez sur l'outil【Définir la couleur de premier plan】dans le panneau【Boîte à outils】, comme illustré à la Figure 2-94, et ouvrez la fenêtre【Sélecteur de couleurs(couleur de premier plan)】; dans la boîte de dialogue, définissez la couleur pour rouge(255,0,0), comme le montre la Figure 2-95.

Étape 3. Trouvez et maintenez l'élément【Outil Dégradé】enfoncé dans le panneau【Boîte à outils】, sélectionnez【Outil Pot de peinture】dans la liste des groupes d'outils ouverts, comme illustré à la Figure 2-96; cliquez avec【Outil Pot de peinture】sur le canevas pour peindre sa couleur en rouge, comme le montre la Figure 2-97.

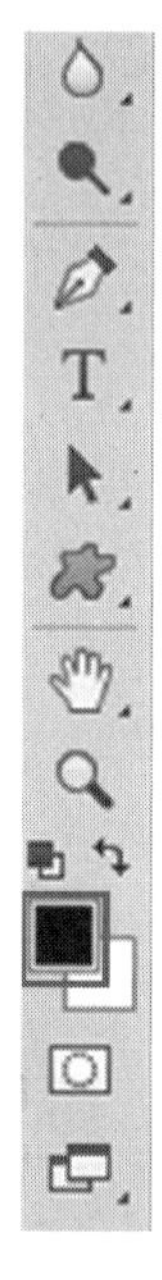

Figure 2-94　Outil pour définir la couleur de premier plan

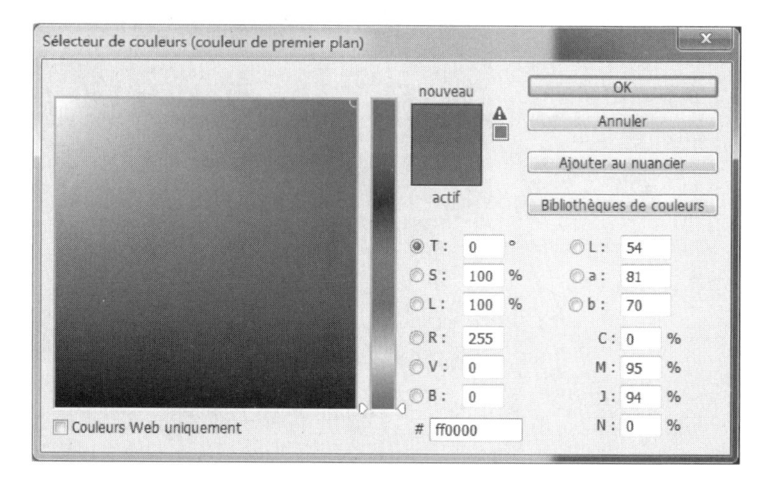

Figure 2-95　Fenêtre Sélecteur de couleurs(couleur de premier plan)

Figure 2-96　Outil Pot de peinture

Figure 2-97　Peindre le plan de l'image

Remarque

1. Veillez *à* son unité lors de la définition de la taille du nouveau fichier.
2. Mettez le mode couleur du nouveau fichier en RVB.
3. Définissez la couleur du premier plan en carré pour celle du premier plan actuel, mais pas nécessairement le noir.

2. Insérer le logo

Étape 1. Cliquez sur le menu 【Fichier】, sélectionnez l'élément de menu 【Ouvrir ... 】, comme illustré à la Figure 2-98, dans la fenêtre contextuelle 【Ouvrir ... 】, trouvez le dossier où se trouve le fichier d'image du matériau et recherchez l'image « logo. png », comme le montre la Figure 2-99.

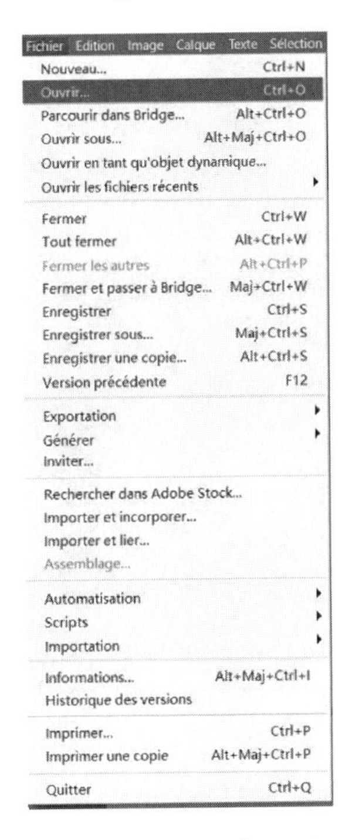

Figure 2-98 Option 【Ouvrir ... 】

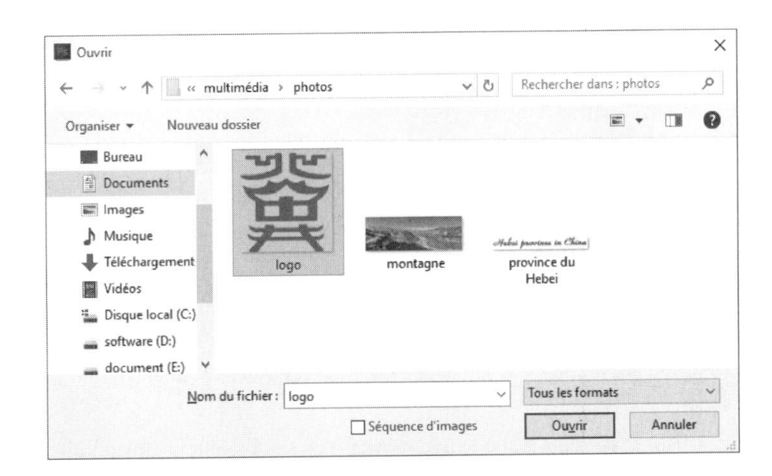

Figure 2-99 Fenêtre 【Ouvrir】

Étape 2. Dans le fichier « logo » ouvert, sélectionnez l'outil 【Déplacement】 dans le panneau 【Boîte à outils】, comme illustré à la Figure 2-100.

Étape 3. Faites glisser l'image « logo », comme illustré à la Figure 2-101, et restez sur l'étiquette de fichier « Arrière-plan de la couverture » pendant un certain temps, comme le montre la Figure 2-102. Après l'ouverture du fichier « Arrière-plan de la couverture », continuez à faire glisser vers le bas, placez le logo dans le coin supérieur gauche de l'écran, comme illustré à la Figure 2-103.

Figure 2-100 Outil Déplacement

Figure 2-101　Faire glisser l'image « Logo »

Figure 2-102　Rester sur l'équiquette « Arrière-plan de la couverture »

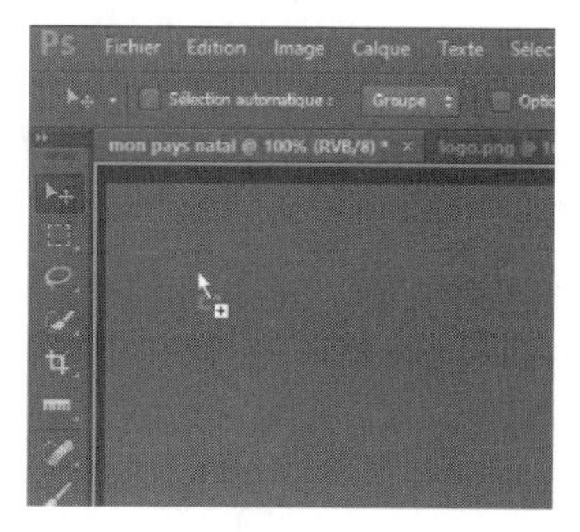

Figure 2-103　Placer l'image « Logo » dans le coin supérieur gauche de l'écran

Étape 4. Cliquez sur le menu【Edition】, sélectionnez l'élément de menu【Transformation】et sélectionnez ensuite【Zoom】dans le menu en cascade ouvert, comme le montre la Figure 2-104; dans la barre de propriétés de l'outil, appuyez sur【Conserver le Rapport hauteur/largeur】pour garantir que le rapport reste inchangé. Entrez 25% dans la zone de texte après la largeur【W】pour réduire l'image d'origine à 25%. Une fois le réglage terminé, cliquez sur le Bouton «√» sur le côté droit de la barre de propriétés pour confirmer le réglage, comme illustré à la Figure 2-105.

Remarque

Après la sélection de l'élément【Homothétie】, au tour du calque apparaîtront huit points de contrôle. En faisant glisser les points de contrôle, vous ajustez la dimension de votre objectif. Vous ne pouvez pas définir le rapport d'homothétie, mais vous pouvez avoir une dimension convenable selon le résultat de l'ajustement.

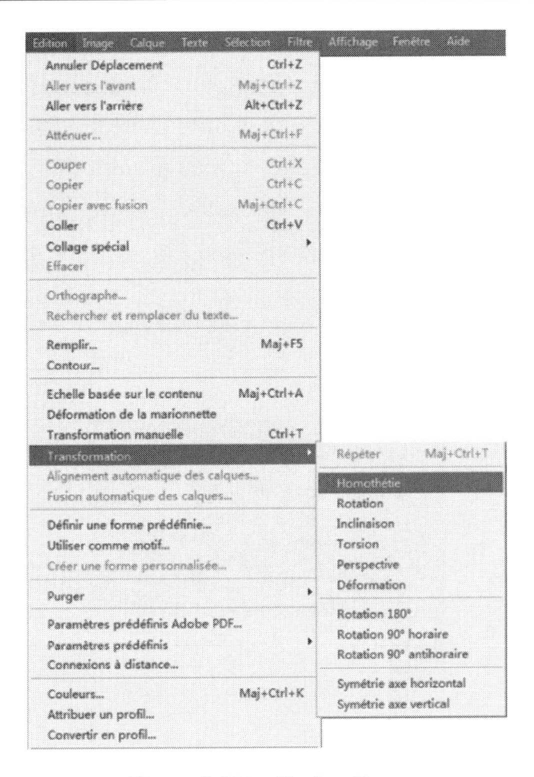

Figure 2-104　Option Zoom

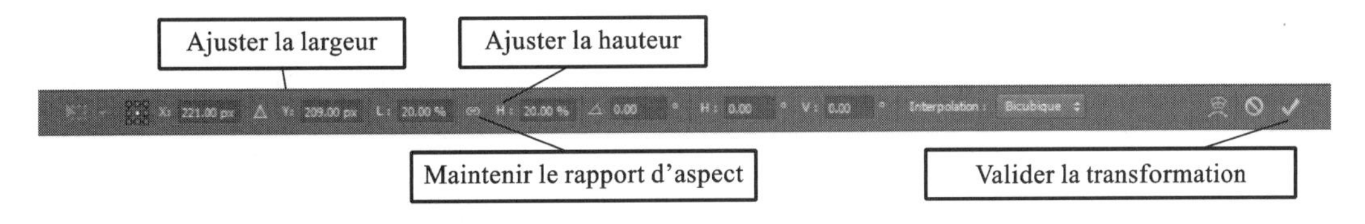

Figure 2-105　Définition de la barre de propriétés Zoom

3. Créer un effet de lumière

Étape 1. Créer un nouveau calque vierge par un clic sur le bouton correspondant【Créer un nouveau calque】dans le【Panneau des calques】, lequel est utilisé pour dessiner de la lumière, double-cliquez sur le nom du calque et le nommez « Lumière », comme le montre la Figure 2-106.

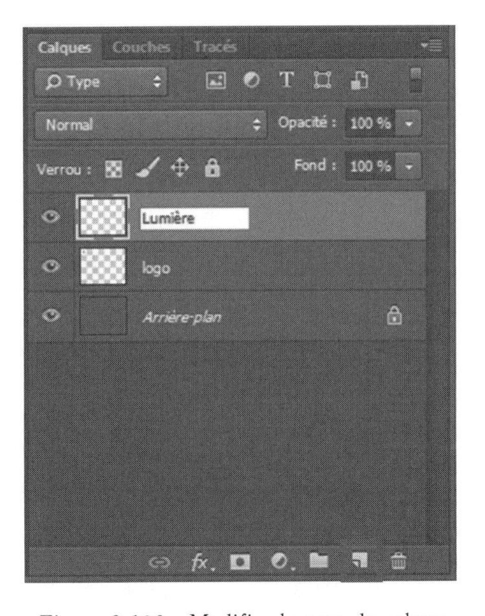

Figure 2-106　Modifier le nom du calque

Étape 2. Cliquez sur l'outil【Définir la couleur de premier plan】dans le panneau【Boîte à outils】, et ouvrez la fenêtre【Sélecteur de couleurs(couleur de premier plan)】; dans la boîte de dialogue, définissez la couleur pour jaune(255,255,0).

Étape 3. Trouvez【Outil Ligne】dans

【Boîte à outils】, maintenez le bouton【Outil Ligne】enfoncé pour ouvrir sa liste des groupes d'outils, et cliquez sur l'option【Outil Forme Personnalisée】dans la liste, comme illustré à la Figure 2-107; Dans la barre de propriétés de l'outil, sélectionnez【Pixels】dans le menu déroulant de【Mode Choisir un outil】, et puis sur le triangle inversé à droite de【Forme】, sélectionnez la forme souhaitée dans la liste des formes ouverte, comme l'illustre la Figure 2-108.

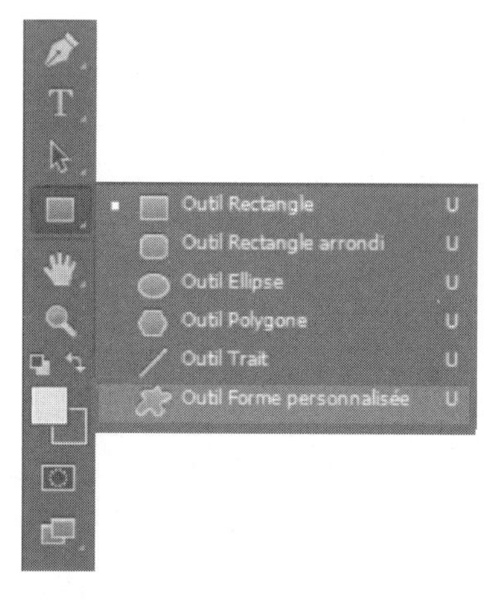

Figure 2-107　【Outil Forme personnalisée】

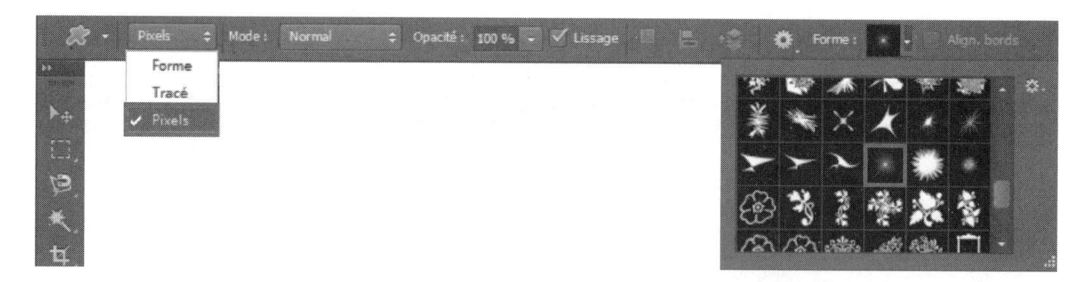

Figure 2-108　Barre de propriétés de l'outil Forme personnalisée

Étape 4. Faites glisser sur une position appropriée du canevas pour dessiner un motif de lumière à la taille appropriée, comme illustré dans la Figure 2-109.

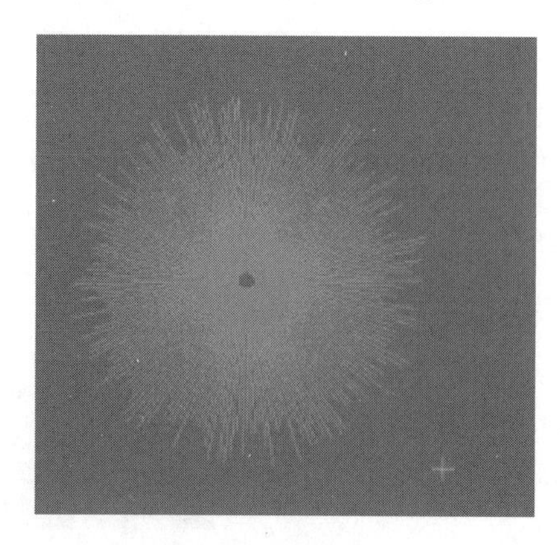

Figure 2-109　Dessiner

Étape 5. Sur le panneau des calques, faites glisser le calque « Lumière » vers le bas pour le mettre sous le calque « Logo », comme illustré à la Figure 2-110; utilisez l'outil 【Déplacement】 pour faire glisser le motif lumière sur le canevas et le positionner sous le logo de l'université, comme illustré à la Figure 2-111.

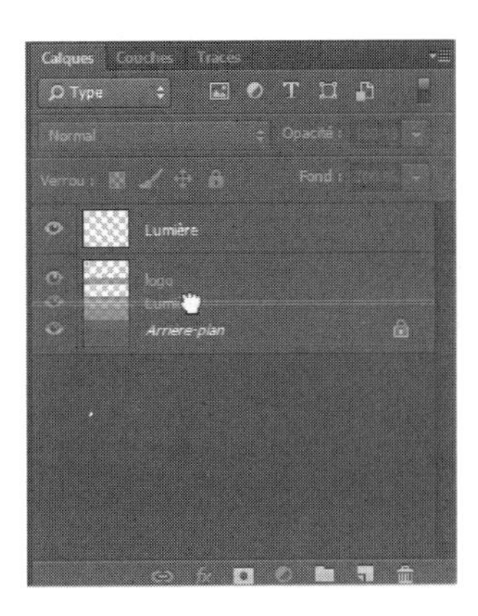

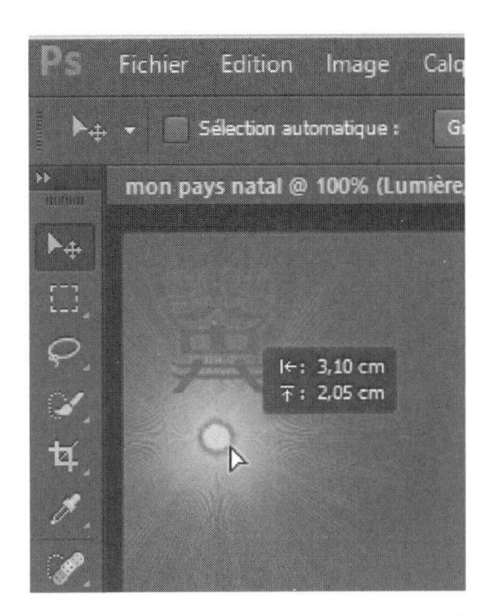

Figure 2-110 Ajuster l'ordre des calques

Figure 2-111 Déplacer le contenu du calque

Remarque

1. Au lieu de créer un effet de lumière sur le calque logo, il faut créer un nouveau calque pour en ajouter la lumière, sinon, il sera complexe de réajuster leurs positions relatives.

2. Dans la barre de propriétés de l'outil Forme personnalisée, l'élément【Tracés】 est utilisé pour dessiner le tracé de la forme sélectionnée et l'élément【Pixels】pour dessiner sa forme.

3. Vous pouvez télécharger les formes personnalisées sur Internet, les documents sont généralement finis par «. csh ».

4. Ajoutez les formes personnalisées comme suit: dans la barre de propriétés de l'outil Forme personnalisée, cliquez sur le triangle inversé à droite du Sélecteur de formes pour afficher toutes les formes personnalisées disponibles, cliquez le triangle en haut à droite pour ouvrir le menu en cascade, cliquez sur l'icône d'engrenage à droite du Sélecteur de formes, sélectionnez l'option Afficher tous les outils prédéfinis dans le menu en cascade, puis cliquez sur OK dans la fenêtre de message qui s'affiche.

Ⅱ. Saisir du texte

Il y a deux types de texte dans Photoshop, le texte ponctuel et le texte de paragraphe. Le texte ponctuel consiste à cliquer à l'endroit où vous souhaitez ajouter du texte dans l'image et à saisir du texte après l'apparition du point d'insertion, vous décidez vous-même quand changer de ligne; comme son nom l'indique, le texte de paragraphe est utilisé lorsque vous

Figure 2-112　【Outil Texte horizontal】

voulez saisir un paragraphe, cliquez et faites glisser le curseur sur la zone de travail pour créer un cadre de sélection dans lequel vous pouvez saisir le paragraphe. Ceci vous aide à modifier et aligner le paragraphe ultérieurement. Les procédés de travail sont comme suit:

Étape 1. Sélectionnez 【Outil Texte horizontal】 dans 【Boîte à outils】, comme illustré à la Figure 2-112, et définissez la police, la taille de police, la couleur et ainsi de suite dans la barre de propriétés de l'outil, comme illustré à la Figure 2-113.

Étape 2. Cliquez là où vous souhaitez pour créer une zone de saisie du texte ponctuel, ou faites glisser une zone rectangulaire appropriée où vous souhaitez afficher du texte pour créer une zone de saisie.

Étape 3. Entrez le texte requis dans la zone de saisie, puis cliquez sur «√» dans la barre d'options pour confirmer la saisie. À ce stade, un calque de texte correspondant sera automatiquement créé sur le panneau des calques.

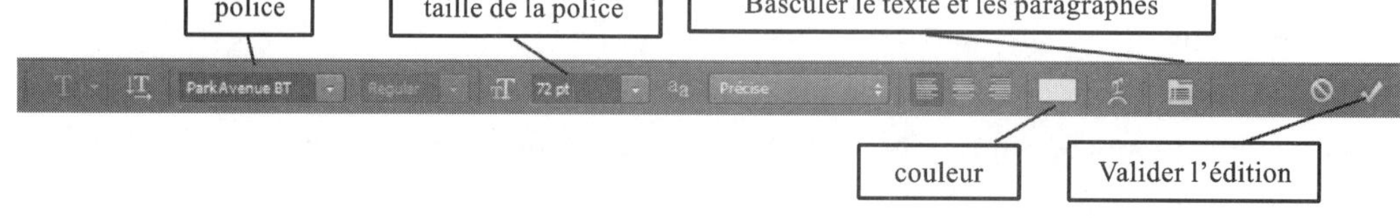

Figure 2-113　Barre de propriétés de l'outil Texte horizontal

Étape 4. Entrez de la même façon l'orateur et le nom de la région dans une autre ligne, vous trouverez l'effet comme illustré à la Figure 2-114.

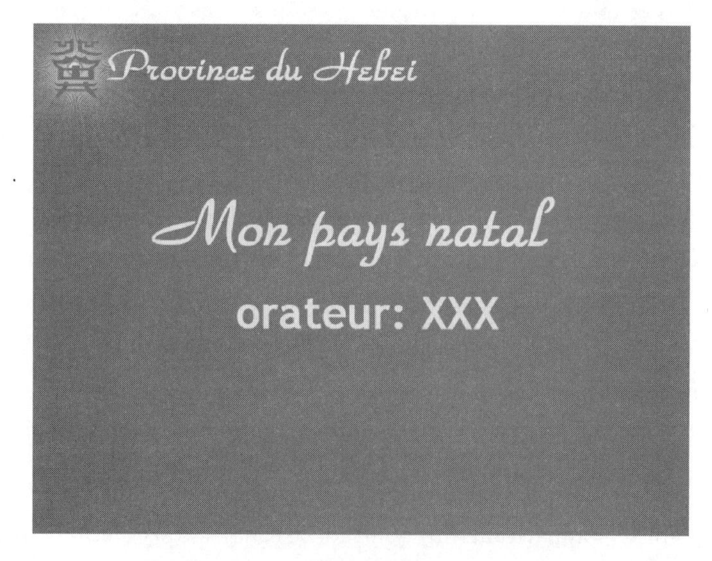

Figure 2-114　Effet après la saisie du texte

Ⅲ. Fusionner des calques

1. Mode de fusion

Le mode de fusion permet de définir la manière dont vont interagir les pixels d'un calque ou un groupe de calque avec celui présent juste au-dessous. Il faut donc deux calques pour que l'effet soit possible. Dans le cas d'exemple, il s'agit de la fusion du calque de chaîne de montagnes et du calque d'arrière-plan. Les procédés de travail sont comme suit:

Étape 1. Cliquez sur le menu 【Fichier】, sélectionnez l'élément 【Ouvrir】, ouvrez l'image « Chaîne de montagnes » et faites glisser l'image vers la partie inférieure de la toile « Arrière-plan de la couverture », comme le montre la Figure 2-115.

Figure 2-115 Introduire le calque Chaîne de montagnes

Étape 2. Dans le panneau 【Calques】, mettez le calque « Chaîne de montagnes » au-dessus du calque « Arrière-plan », comme montré à la Figure 2-116, puis cliquez sur la liste déroulante de 【Définir le mode de fusion des calques】 en haut à gauche du panneau, définissez le mode de fusion des calques sur 【Luminosité】, comme illustré à la Figure 2-117, pour obtenir la fusion du calque « Chaîne de montagnes » et du calque « Arrière-plan », comme le montre la Figure 2-118.

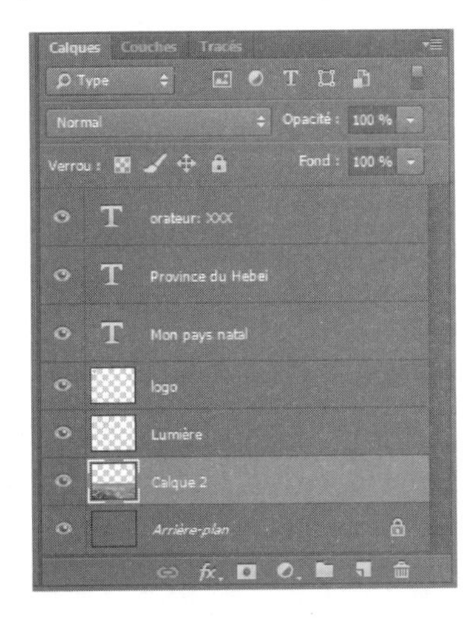

Figure 2-116 Modifier l'ordre des calques

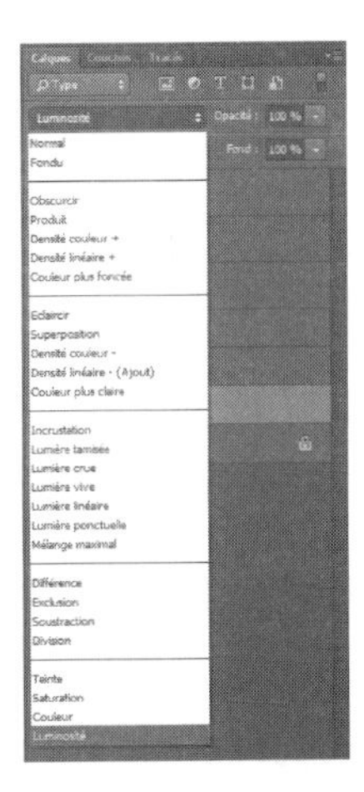

Figure 2-117 Liste des modes de fusion

Figure 2-118 Effet de l'application de fusion

Remarque

1. Voilà les fonctions des options dans le menu déroulant Mode de fusion.

(1) Normal: il s'agit du mode par défaut de Photoshop, aucun effet spécial ne sera produit lors de l'utilisation de ce mode;

(2) Fondu: l'image aura un effet granuleux et fondu. Plus la valeur « Opacité » sur le côté droit du panneau calques est petite, plus l'effet fondu est évident;

(3) Obscurcir: analyse les informations chromatiques de chaque couche et sélectionne la couleur de base ou de fusion (la plus foncée) comme couleur finale. Les pixels plus clairs que la couleur de fusion sont remplacés, et les pixels plus foncés demeurent intacts;

(4) Produit: la couleur finale est toujours plus foncée, le mode peut être utilisé pour créer un effet de sombre;

(5) Densité couleur +: la couleur de fusion est plus foncée tandis que la luminosité réduit;

(6) Densité linéaire +: analyse les informations chromatiques de chaque couche et obscurcit la couleur de base pour reproduire la couleur de fusion par réduction de la luminosité. La fusion avec du blanc ne produit aucun effet;

(7) Couleur plus foncée: choisit les valeurs de couche les plus faibles entre la couleur de base et la couleur de fusion afin de créer la couleur finale;

(8) Éclaircir: Fonctionne au cas où la couleur actuelle est plus foncée que la couleur de base, les pixels plus foncés que la couleur de fusion sont remplacés, et les pixels plus clairs demeurent intacts;

(9) Superposition: analyse les informations chromatiques de chaque couche et multiplie l'inverse des couleurs de fusion et de base. La couleur finale est toujours plus claire. Une superposition avec le noir n'a aucune incidence sur la couleur. Une superposition avec le blanc produit du blanc. Cet effet équivaut à projeter plusieurs diapositives photographiques les unes sur les autres;

(10) Densité couleur -: éclaircit la couleur de base pour reproduire la couleur de fusion par réduction du contraste entre les deux. La fusion avec du noir ne produit aucun effet;

(11) Densité linéaire -: éclaircit la couleur de base pour reproduire la couleur de fusion par augmentation de la luminosité. La fusion avec du noir ne produit aucun effet;

(12) Couleur plus claire: compare la somme des valeurs des couches des couleurs de fusion et de base et affiche la couleur présentant la valeur la plus élevée;

(13) Incrustation: multiplie ou superpose les couleurs, selon la couleur de base. Les motifs ou les couleurs recouvrent les pixels existants, tout en préservant les tons clairs et les tons foncés de la couleur de base;

(14) Lumière tamisée: assombrit ou éclaircit les couleurs, selon la couleur de fusion. Si la couleur de fusion contient plus de 50% de gris, l'image est obscurcie, comme si elle était plus dense;

(15) Lumière crue: Multiplie ou superpose les couleurs, selon la couleur de fusion. Si la couleur de fusion contient moins de 50% de gris, l'image est éclaircie. Cet effet est utile pour ajouter des tons clairs à une image. Si la couleur de fusion contient plus de 50% de gris, l'image est obscurcie;

(16) Lumière vive: augmente ou diminue la densité des couleurs par augmentation ou réduction du contraste, selon la couleur de fusion. Si la couleur de fusion contient plus de 50% de gris, l'image est obscurcie;

(17) Lumière linéaire: augmente ou diminue la densité des couleurs par augmentation ou réduction de la luminosité, selon la couleur de fusion. Si la couleur de fusion contient moins de 50% de gris, l'image est éclaircie par augmentation de la luminosité. Si la couleur de fusion contient plus de 50% de gris, l'image est obscurcie par diminution de la luminosité;

(18) Lumière ponctuelle: remplace les couleurs, selon la couleur de fusion. Si la couleur de fusion (source lumineuse) contient moins de 50% de gris, les pixels plus sombres que la couleur de fusion sont remplacés, tandis que les pixels plus clairs restent intacts. Si la couleur de fusion contient plus de 50% de gris, les pixels plus clairs que la couleur de fusion sont remplacés, tandis que les pixels plus sombres restent intacts;

(19) Mélange maximal: ajoute les valeurs des couches rouge, vert et bleu de la couleur de fusion aux valeurs RVB de la couleur de base. Si la somme finale d'une couche est égale ou supérieure à 255, la valeur 255 lui est attribuée; si elle est inférieure à 255, la valeur 0 lui est attribuée;

(20) Différence: analyse les informations chromatiques de chaque couche et soustrait la couleur de base de la couleur de fusion, ou inversement, en fonction de la

couleur la plus lumineuse. La fusion avec du blanc inverse les valeurs de la couleur de base;la fusion avec du noir ne produit aucun effet;

(21) Exclusion: produit un effet semblable au mode Normal et un moindre contraste par rapport au mode Différence, la couleur est donc très tendre;

(22) Teinte: crée une couleur finale ayant la luminance et la saturation de la couleur de base et la teinte de la couleur de fusion;

(23) Saturation: crée une couleur finale ayant la luminance et la teinte de la couleur de base et la saturation de la couleur de fusion;

(24) Couleur: crée une couleur finale ayant la luminance de la couleur de base et la teinte et la saturation de la couleur de fusion;

(25) Luminosité: crée une couleur finale ayant la teinte et la saturation de la couleur de base et la luminance de la couleur de fusion. Ce mode crée l'effet inverse de celui du mode Couleur.

2. Parmi les 25 options de fusion des calques, les options 1～21 utilisent le mode couleurs RVB et les options 22～25 le mode couleurs TSL.

2. Masque de fusion

(1) Avantage

Les masques de fusion ne sont pas destructifs,ce qui signifie que vous pouvez faire des modifications sans masquer les données de l'image d'origine, lesquelles restent en état utilisable et peuvent se rétablir à tout moment. Comme l'édition ne supprime pas les données de l'image,vous n'allez pas réduire la qualité de votre image.

(2) Fonction

Le masque de fusion est le masque le plus couramment utilisé dans le traitement de l'image,il sert essentiellement à afficher ou masquer des parties du calque, permettant de préserver l'image originale pour qu'elle ne soit pas endommagée à cause de l'édition.

Un masque de fusion est une image en niveaux de gris. Les zones peintes en noir sont masquées, les zones peintes en blanc sont visibles et celles peintes en niveaux de gris apparaissent à divers degrés de transparence.

Nous pouvons considérer le masque de fusion comme une toile capable de rendre un objet transparent,si la toile est peinte en noir, l'objet devient transparent, si elle est peinte en blanc,l'objet apparaît complètement,si elle est peinte en couleur de gris,l'objet est translucide.

En effet, le masque de fusion est une image en gris, lorsqu'elle est fusionnée avec un calque,les différents niveaux de gris permettent divers degrés de transparence:

① Comme le degré de masquage du noir est de 100%, s'il y a l'ajout du noir sur le masque de fusion,le noir cache le calque qui contient le masque,ce qui vous permet de voir le calque sous-jacent.

② Comme le degré de masquage du blanc est de 0%, si vous ajoutez du blanc sur le masque de fusion,vous rendez à nouveau visibles les zones correspondantes du calque masqué.

③ Des remplissages en niveau de gris restaurent partiellement le masque à différents degrés, le taux de masque augmente lorsque la couleur s'approche progressivement du noir, les zones peintes en blanc sont visibles et celles peintes en niveaux de gris apparaissent à divers degrés de transparence.

(3) Procédés de travail

Étape 1. Dans le panneau Calques, sélectionnez le calque auquel vous souhaitez ajouter un masque, cliquez sur le bouton 【Ajouter un masque de fusion】 en bas du panneau, une vignette de masque de fusion blanc apparaît sur le calque sélectionné, révélant tout ce qui se trouve sur ce dernier, comme le montre la Figure 2-119.

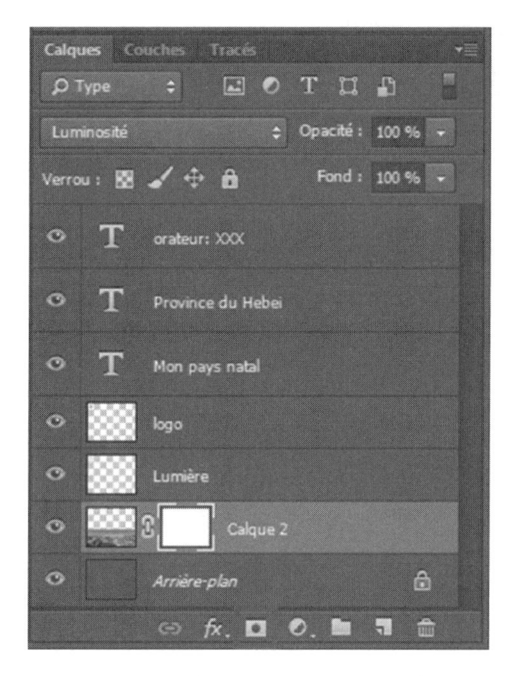

Figure 2-119 Ajouter un masque de fusion

Étape 2. Trouvez et maintenez l'élément 【Outil Pot de peinture】 enfoncé dansle panneau 【Boîte à outils】 pour ouvrir sa liste des options d'outils, sélectionnez 【Outil Dégradé】, comme illustré à la Figure 2-120; cliquez sur le triangle inversé à droite du ruban de dégradé pour ouvrir le sélecteur de couleur « dégradé », sélectionnez « dégradé noir et blanc » et sélectionnez « dégradé linéaire » comme méthode de dégradé sur le côté droit, comme le montre la Figure 2-121.

Figure 2-120 【Outil Dégradé】

Étape 3. Faites glisser la position « Chaîne de montagnes » sur le canevas de haut en bas pour dessiner un segment de ligne, comme illustré à la Figure 2-122. Si vous dessinez en maintenant la touche « Maj » enfoncée, vous pouvez assurer que le segment de ligne dessiné est perpendiculaire à la ligne horizontale. Trouvez l'effet de l'application à la Figure 2-123 et l'état du panneau Calques à la Figure 2-124.

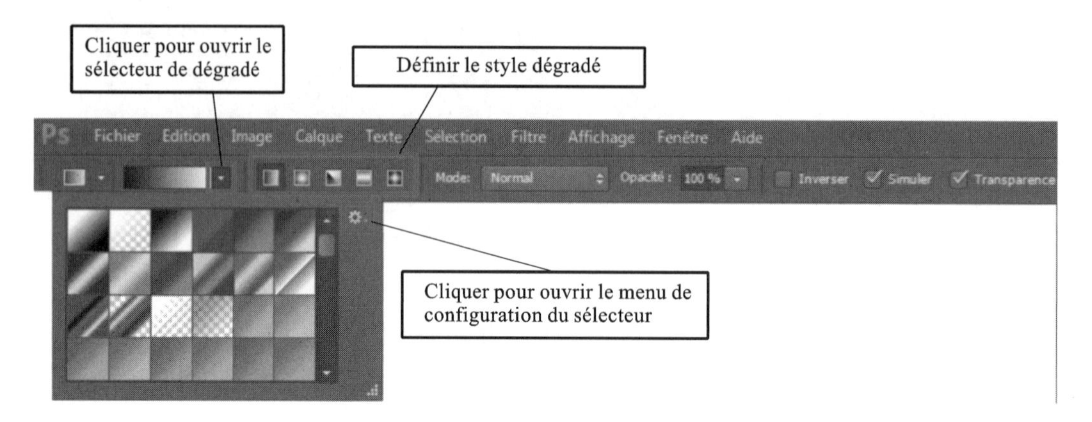

Figure 2-121　Barre de propriétés de l'outil Dégradé

Figure 2-122　Remplissement du dégradé

Figure 2-123　Effet du masque de fusion

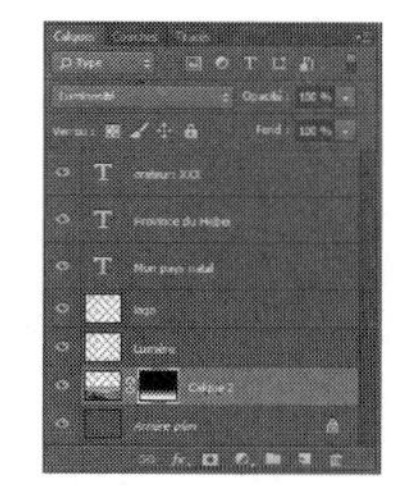

Figure 2-124　Panneau Calques après l'ajout du casque

Remarque

1. Après la sélection du contenu souhaité dans la zone définie, ajoutez un masque de fusion, ce qui permet de « masquer » le contenu non souhaitable et de réaliser l'incrustation.

2. Vous pouvez utiliser les différents outils de pixels tels que Outil Pinceau, Outil dégradé, Outil Correction de l'objectif, etc. ,pour éditer le masque de fusion et créer divers résultats de fusion.

Ⅳ. Styles de calque

Les styles de calque permettent de modifier l'aspect du contenu d'un calque par variété d'effets, comme ombres, lueurs, biseaux, et ainsi de suite. Les procédés de travail sont comme suit:

Étape 1. Dans le panneau【Calques】, sélectionnez le calque auquel vous souhaitez appliquer un style de calque, tel que le calque « Province du Hebei », puis double-cliquez sur le calque pour ouvrir la boîte de dialogue【Style de calque】, comme illustré à la Figure 2-125 illustré.

Étape 2. Dans la【Liste des styles】sur le côté gauche de la boîte de dialogue【Style de calque】, cliquez sur l'option【Contour】et l'interface de paramétrage de Contour va s'afficher à droite. Faites glisser le curseur à côté droit de【Taille】ou entrez directement une valeur dans la zone de texte pour définir le contour sur 1 pixels de large, puis cliquez sur le ruban de couleur à côté de【Couleur】pour mettre la couleur du contour en noir(0, 0, 0), comme le montre la Figure 2-126.

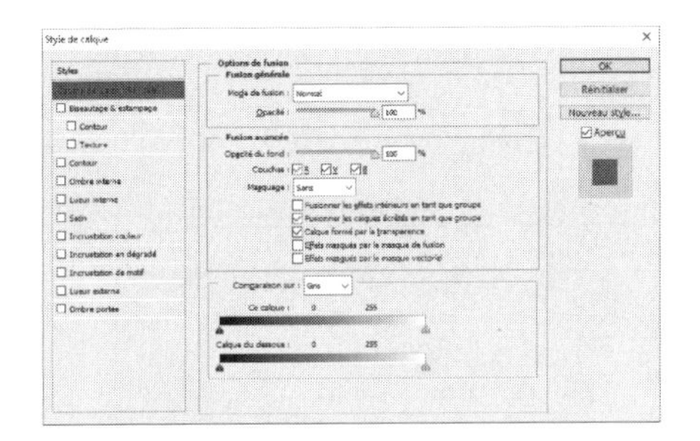

Figure 2-125 Fenêtre du style de calque

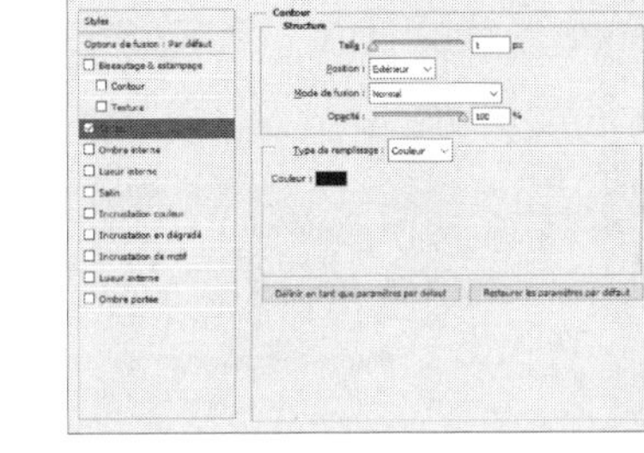

Figure 2-126 Définition du style Contour

Étape 3. Ajoutez avec la même méthode le style « Contour » pour les autres calques comme « Province du Hebei », « orateur: XXX » et ainsi de suite.

Étape 4. Double-cliquez sur le calque « logo » pour ouvrir la boîte de dialogue【Style de calque】, sélectionnez l'option【Incrustation couleur】et cliquez sur le ruban couleur rectangulaire dans l'interface de paramétrage sur le côté droit, comme illustré à la Figure 2-127, ouvrez la fenêtre【Sélectionner la couleur d'incrustation】et définissez la couleur pour jaune doré(255, 255, 0), comme le montre la Figure 2-128; sélectionnez l'option【Contour】pour ajouter le même effet de contour que les autres calques.

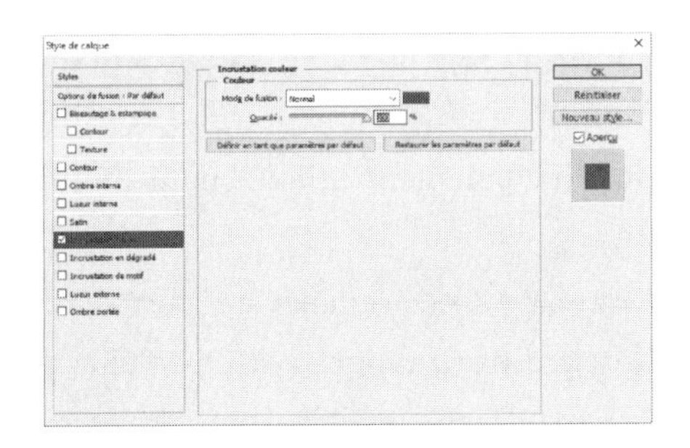

Figure 2-127 Personnalisez les paramètres du style Incrustation couleur

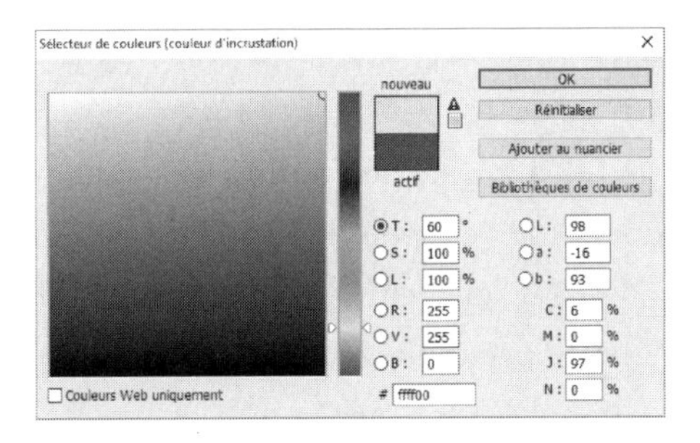

Figure 2-128 Fenêtre de sélection d'une couleur d'incrustation

Étape 5. Après avoir personnalisé les paramètres du style de calque, vous avez fini complètement la production d'une image d'arrière-plan. Cliquez sur le menu【Fichier】, sélectionnez l'élément de menu【Enregistrer】ou【Enregistrer sous】, une fenêtre correspondante va s'afficher comme le montre la Figure 2-129, sélectionnez le format de fichier auquel l'image est convertie, entrez le nom du fichier et sélectionnez son chemin de stockage, cliquez sur le bouton【Enregistrer】.

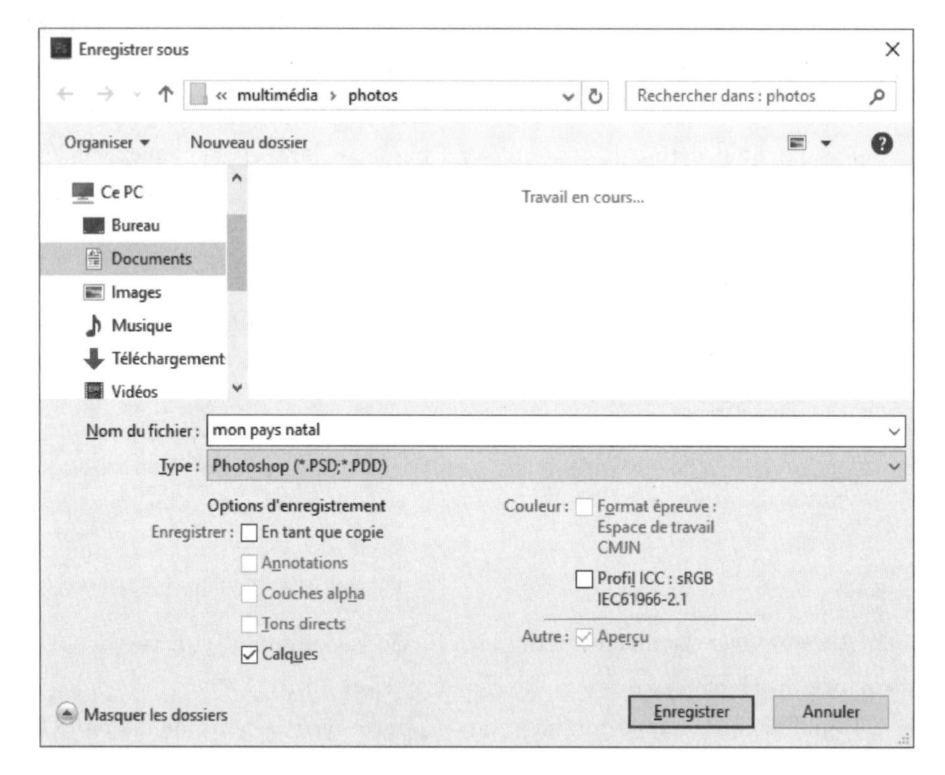

Figure 2-129　Fenêtre d'enregistrement du fichier

Remarque

1. Les【Options de fusion】en haut à gauche de la fenêtre【Style de calque】n'ajoutent pas d'effets de style au calque, elles sont principalement utilisées pour régler l'opacité, le mode de fusion des calques et contrôler le mode de fusion des pixels entre les calques.

(1) La zone de l'option « Fusion générale » est principalement utilisée pour définir l'opacité et le mode de fusion du calque;

(2) L'élément « Opacité du fond » dans la zone « Fusion avancée » permet de régler l'opacité de remplissage du calque. La différence par rapport à « Opacité » de l'option « Fusion générale » est que l'opacité du fond affecte les pixels ou la forme dessinée sur le calque, mais n'a pas d'influence sur l'opacité du style de calque ajouté;

(3) « Canal » est utilisé pour sélectionner les canaux participant à la fusion, la valeur par défaut est tous les canaux, l'utilisateur peut également spécifier les canaux;

(4) « Knockout » est utilisé pour sélectionner une méthode de knock-out. Après avoir défini la méthode de knock-out, vous pouvez pénétrer un calque pour voir le contenu du calque ci-dessous;

(5) Sélectionnez « Fusionner les effets intérieurs en tant que groupe » pour appliquer le mode de fusion du calque aux effets de calque qui modifient les pixels opaques, comme Lueur interne, Satin, Incrustation couleur et Incrustation en dégradé;

(6) Sélectionnez « Fusionner les calques écrêtés en tant que groupe » pour appliquer le mode de fusion du calque de base *à* tous les calques du masque d'écrêtage. L'option, qui est toujours sélectionnée par défaut, pour conserver le mode de fusion et l'aspect d'origine de chacun des calques du groupe;

(7) Sélectionnez « Calque formé par la transparence » pour limiter les effets et masquages de calque aux zones opaques du calque;

(8) Sélectionnez « Effets masqués par le masque de fusion » pour limiter les effets de calque à la zone définie par le masque de fusion et les effets ne vont pas s'afficher dans le masque de calque;

(9) Sélectionnez « Effets masqués par le masque vectoriel » pour limiter les effets de calque à la zone définie par le masque vectoriel et les effets ne vont pas s'afficher dans le masque vectoriel;

(10) Utilisez les curseurs « Ce calque et Calque du dessous » pour définir la plage de luminosité des pixels fusionnés, mesurée sur une échelle de 0 (noir) à 255 (blanc), déplacez le curseur de blanc pour définir la valeur supérieure de la plage, déplacez le curseur de noir pour définir la valeur inférieure de la plage. Utilisez les curseurs Ce calque pour définir la plage des pixels du calque actif qui doivent être fusionnés et, par conséquent appara tre dans l'image finale. Utilisez les curseurs Calque du dessous pour définir la plage des pixels des calques inférieurs visibles qui doivent être fusionnés dans l'image finale. Les pixels fusionnés sont combinés aux pixels du calque actif pour produire des pixels composites, alors que les pixels non fusionnés apparaissent *à* travers les zones supérieures du calque actif.

2. À gauche de la fenêtre【Style de calque】se trouvent les diverses options des effets d'un calque qui ont les fonctions suivantes.

(1) Ombre portée: ajoute une ombre qui apparaît derrière le contenu du calque;

(2) Ombre interne: ajoute une ombre qui se présente juste à l'intérieur du contour du contenu du calque, donnant un aspect de mise en retrait;

(3) Lueur externe: ajoute des lueurs qui émanent des bords externes du contenu du calque;

(4) Lueur interne: ajoute des lueurs qui émanent des bords internes du contenu du calque;

(5) Biseautage et estampage: ajoute diverses combinaisons de tons clairs et de tons foncés au calque, pour que le contenu du calque aie un effet d'estampage tridimensionnel;

(6) Satin: applique un ombrage interne créant un fini satiné;

(7) Incrustation couleur: remplit le contenu du calque avec une couleur prédéfinie, contrôle l'effet d'incrustation par la définition du mode de fusion et du dégré de transparence de la couleur.

(8) Incrustation en dégradé: remplit le contenu du calque avec un dégradé prédéfini;

(9) Incrustation de motif: remplit le contenu du calque avec un motif prédéfini, vous pouvez de plus mettre à l'échelle le motif pour définir l'opacité et le mode de fusion du motif;

(10) Contour: souligne l'objet du calque actif à l'aide d'une couleur, d'un dégradé ou d'un motif, cet effet est particulièrement utile sur les formes à arêtes marquées tel que le texte.

3. Après avoir modifié une image dans Photoshop Elements, veillez à l'enregistrer. À l'exportation de l'image, le format JPG est généralement utilisé, c'est un format standard pour l'affichage des images sur le web. Le format PNG génère des transparences d'arrière-plan sans rendre le contour irrégulier. Il est aussi recommandé d'enregistrer vos images régulièrement au format PSD qui permet de préserver les données graphiques et leurs calques dans un fichier d'une seule page, cela peut faciliter l'édition potentielle des images à l'avenir.

Chapitre 3 Traitement audio numérique

Le son est omniprésent dans la vie quotidienne, tels que les sons de la circulation, les voix humaines, les divers sons dans la nature, etc. Le son est également une présence fréquente dans les systèmes multimédia, ce qui rend le multimédia plus coloré. Le son est produit par la vibration et se déplace dans l'air. L'audio multimédia consiste à convertir la vibration du son dans l'air en un signal électrique en constante évolution, puis à échantillonner, quantifier et encoder ce signal, et l'enregistrer sous la forme d'un fichier. Les gens utilisent des magnétophones numériques, des lecteurs de disques compacts et des enregistreurs MD avec CD en tant que support pour enregistrer le son. Aujourd'hui, de plus en plus de personnes utilisent le disque dur de l'ordinateur comme support pour enregistrer le son, innovant la manière d'enregistrer le son. De nos jours, le signal sonore traité par la technologie multimédia varie de 20 à 20 000 Hz.

Section 1 Connaissances de base de l'audio

Ⅰ. Connaissances de base du son

La hauteur, le volume et le timbre sont les caractéristiques de base du son. En plus de ses propres tons purs, la source sonore est également accompagnée des harmoniques de différentes fréquences, qui montrent les différentes propriétés de l'objet source. Le son traité par le système multimédia est l'audio dans la plage audible de l'oreille humaine, et ces audios sont stockés sous forme de fichiers dans de différents formats.

1. La nature du son

Le son est un phénomène physique produit par la vibration d'un objet. La vibration fait tourner l'air autour de l'objet pour former des ondes sonores. Les ondes sonores sont transmises aux oreilles humaines via l'air, de sorte que les gens entendent le son. Par conséquent, dans le sens physique, le son est une onde. Analysées par la méthode de la physique, les grandeurs physiques décrivant les caractéristiques du son comprennent l'amplitude(Amplitude), la période(Period) et la fréquence(Frequency) des ondes sonores. Comme la fréquence et la période sont réciproques l'une de l'autre, généralement, on ne décrit le son que par deux paramètres : l'amplitude et la fréquence.

Il faut souligner que le son du monde réel n'est pas composé des ondes d'une certaine fréquence ou de certaines fréquences, mais qu'il est composé de nombreuses ondes sinusoïdales de fréquences et d'amplitudes différentes. Il y aura donc des fréquences les plus basses et les plus hautes dans un son. En termes simples, la fréquence reflète la hauteur du son et l'amplitude reflète le volume du son. Plus le son contient des composants de haute fréquence, plus la hauteur est élevée(ou plus aiguë) et vice versa; plus l'amplitude du son est grande, plus le son est fort et vice versa.

2. La classification des sons

Il existe de nombreuses normes pour la classification des sons. Selon les besoins objectifs, ils peuvent être divisés en trois types suivants.

(1) La classification par fréquence

① Infrason(Infrasound): 0～20 Hz.

② Audio(Audio): 20 Hz～20 kHz.

③ Ultrason(Ultrasound): 20 kHz～1 GHz.

④ Hyperson(Hypersound): 1 GHz～1 THz.

L'importance de la classification par fréquence est principalement de distinguer l'audio qui peut être entendu par les oreilles humaines et les sons non audio qui sont au-delà de la portée de l'audition humaine.

(2) La classification par la source sonore originale

① Son vocal: le son émis par les humains pour exprimer des pensées et des sentiments.

② Son musical: le son d'un instrument lorsqu'on joue d'un instrument.

③ Son résonné: tous les sons à l'exception du son vocal et du son musical, tels que le vent et la pluie, le tonnerre et autres sons naturels ou les sons produits par des objets.

Le but de distinguer les sons de différentes sources sonores est de faciliter le traitement numérique en utilisant de différentes fréquences d'échantillonnage conformément à de différents types de sons, et d'utiliser de différentes méthodes de reconnaissance, de synthèse et de codage en fonction de leurs méthodes de génération et de leurs caractéristiques.

(3) La classification par la forme de stockage

① Son analogique: le son « m » émis par la source sonore est stocké de manière analogique, par exemple, le son enregistré sur une bande.

② Son numérique: le flux de données sonores représenté par 0 et 1, ou la voix et la musique synthétisées par un ordinateur après le traitement numérique de la source sonore analogique.

3. Les trois facteurs essentiels du son

Le son dans la nature est généré par la vibration d'un objet, et l'objet qui émet un son est appelé la source sonore. Le nombre de fois qu'un objet vibre en une seconde est appelé fréquence, et son unité est le hertz(Hz). Les oreilles humaines peuvent entendre des sons de 20 à 20 000 Hz.

(1) La hauteur

La hauteur est l'une des propriétés subjectives du son, qui est déterminée par la fréquence des vibrations de l'objet et également liée à l'intensité du son. La hauteur du son pur de même intensité augmente et diminue avec la montée et la descente de la fréquence; tandis que la hauteur du son pur d'une certaine fréquence et du son pur à basse fréquence diminue avec l'augmentation de l'intensité sonore, et la hauteur du son pur à haute fréquence augmente avec l'augmentation de l'intensité.

La hauteur est également liée à la structure du corps sonore, car la structure du corps sonore affecte la fréquence du son. En général, la hauteur du son pur à basse fréquence inférieur à 2 000 Hz diminue avec l'augmentation de la sonie, et la hauteur du son pur à haute fréquence au-dessus de 3 000 Hz augmente avec l'augmentation de la sonie.

Ce que nous appelons habituellement le triton « grave, médium, aigu » se réfère à la hauteur, c'est-à-dire la « fréquence » de l'onde sonore. Le son à haute fréquence est appelé aigu et le son à basse fréquence est appelé grave. Dans la notation musicale numérotée, nous savons que l'aigu « 1 » est une octave plus haut que le médium « 1 », et le médium « 1 » est une octave plus haut que la basse « 1 ». Le ton utilisé comme norme d'accord dans la musique a une fréquence de 440 Hz. Autrement dit, le ton de Do majeur « 6 », donc la fréquence du médium « 6 » est de 880 Hz, et celle de l'aigu « 6 » est de 1 760 Hz. C'est-à-dire que la fréquence de chaque octave est deux fois plus élevée, ce qui montre que l'échelle de la partition musicale n'est pas une séquence arithmétique, mais une séquence géométrique. On sait qu'il y a 5 demi-tons parmi les sept tons de « 1 » à « 7 », soit un total de 12 pas, et chaque pas est appelé un « demi-ton ». Évidemment, le rapport de tous les deux demi-tons est la 12ème racine de 2 (environ 1,059 463), à partir de laquelle nous pouvons calculer que le médium « 6 » qui monte d'un demi-ton est de 932 Hz, le médium « 7 » est de 988 Hz...

(2) Le timbre

Le timbre est la caractéristique du son et le son produit par de différents objets produisant du son a un timbre différent. Il ressort des formes d'ondes sonores qu'elles sont différentes et ont leurs propres caractéristiques. La Figure 3-1 montre les formes d'ondes sonores des différents instruments de musique.

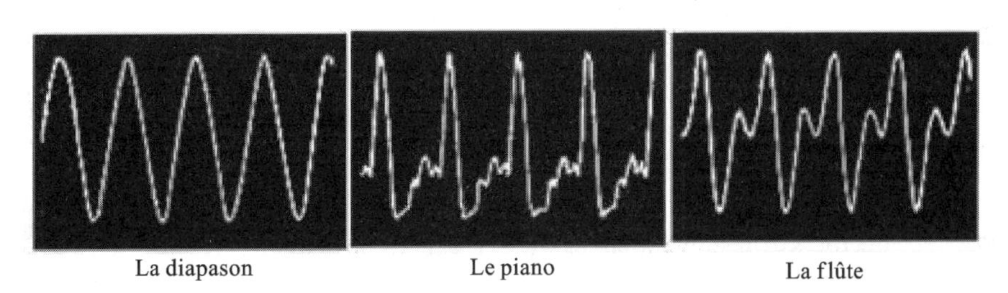

Figure 3-1 Formes d'ondes sonores des différents instruments

La différence du timbre dépend des différentes harmoniques. En plus d'un son fondamental, le son produit par chaque instrument, de différentes personnes et tous les objets qui peuvent produire un son, est accompagné des harmoniques de nombreuses fréquences. Ce sont ces harmoniques qui déterminent les différents timbres, permettant de distinguer les sons produits par de différents instruments ou de différentes personnes.

(3) La sonie

La sonie fait référence à la force du son, qui est également appelée volume. Elle est liée à la force des vibrations sonores et à la distance de propagation. Plus la force de la vibration de la source sonore est grande, plus la sonie est élevée et plus le son se propage loin.

La sonie dépend des conditions telles que l'intensité sonore, la hauteur tonale, le timbre et la durée. Si les autres conditions sont les mêmes, la voyelle sonne mieux que la consonne; la sonie de la voyelle est liée au degré d'ouverture et la voyelle avec un degré d'ouverture plus grand est plus fort. Parmi les consonnes, les consonnes sonores sont plus forts que les consonnes sourdes, et les sons aspirés sont plus forts que les sons non aspirés.

① Unité du volume: décibel(db).

La fonction de l'oreille humaine est très particulière, qui peut distinguer clairement la tombée d'une aiguille et aussi tolérer le son du coup de foudre. Pourquoi la plage d'adaptation de l'oreille humaine est-elle si grande? Les scientifiques ont découvert plus tard que lorsque le tympan était affecté par le son, l'amplitude des vibrations n'était pas proportionnelle à l'intensité sonore, mais était proportionnelle au logarithme de l'intensité sonore. Par conséquent, on utilise la valeur de l'intensité sonore pour prendre la valeur logarithmique « 1 » avec la base 10 comme unité de l'intensité sonore, dont le nom est « Bell ». Chaque dixième de « Bell » est appelé « décibel » , qui est signifié par « db » .

L'oreille humaine se manifeste d'une sensibilité différente face aux différentes fréquences d'ondes sonores. Elle est la plus sensible aux ondes sonores de 3 000 Hz. Tant que l'intensité sonore de cette fréquence atteint 10 à 12 watts par mètre carré, elle peut provoquer une audition dans l'oreille humaine. Le niveau d'intensité sonore est spécifié en fonction de l'intensité sonore minimale qui peut être entendue par l'oreille humaine, et cette intensité sonore minimale est spécifiée comme intensité sonore de niveau zéro, ce qui signifie que le niveau d'intensité sonore à ce moment est de zéro bel(également de zéro décibel).

② Valeur communes de bruit ambiant.

En général, nous considérons qu'un environnement calme est un environnement avec une intensité sonore de 20 décibels ou moins, et en dessous de 15 décibels, nous pouvons considérer qu'il s'agit d'un « silence mort » . Les chuchotements à voix basse sont d'environ 30 décibels. 40 à 60 décibels appartiennent à notre voix de conversation normale. Une valeur de décibel inférieure à 60 est une zone inoffensive et un décibel supérieur à 60 est une plage bruyante. À 70 décibels, on peut penser que c'est très bruyant et que cela commence à endommager le nerf auditif. Au-dessus de 90 décibels, une perte auditive aura lieu. Le bruit de la voiture est entre 80 et 100 décibels. Prenons l'exemple d'une voiture qui fait un bruit de 90 décibels, à une distance de 100 mètres, un bruit de 81 décibels peut encore être entendu(Les normes ci-dessus seront différentes en raison des différences environnementales et non de valeurs absolues). Le son de la tronçonneuse est de 110 décibels. Le son d'un avion à réaction est d'environ 130 décibels.

Ⅱ. Numérisation des signaux audio

La numérisation des signaux audio consiste à échantillonner et quantifier les signaux sonores qui fluctuent continuellement dans le temps. Le résultat quantifié est codé avec un certain algorithme de codage audio, et le résultat final est la forme numérique du signal audio. Autrement dit, selon un intervalle de temps fixe, le son (analogique) est converti en une séquence discrète d'un nombre limité de représentations numériques, c'est-à-dire de l'audio numérique, comme le montre la Figure 3-2.

Figure 3-2 Numérisation des signaux audio

1. Echantionnage et fréquence d'échantillonage

L'échantillonnage est également appelé « prélèvement d'échantillons ». Il transforme un signal analogique continu dans le temps en un signal avec un nombre fini d'échantillons discrets dans le temps, comme le montre la Figure 3-3. En supposant que la forme d'onde sonore soit représentée sur la Figure 3-3(a), c'est une fonction continue du temps $x(T)$. Si vous voulez l'échantillonner, vous devez retirer sa valeur d'amplitude de la forme d'onde à un certain intervalle de temps(T) pour obtenir une séquence du groupe $x(nT)$, à savoir $x(T)$, $x(2T)$, $x(3T)$, $x(4T)$, $x(5T)$, $x(6T)$, etc. T est appelé « période d'échantillonnage » et $1/T$ est appelé « fréquence d'échantillonnage ». Evidemment, le signal discret $x(nT)$ n'est qu'un nombre limité de valeurs d'échantillons d'amplitude prises à partir du signal cntinu $x(T)$, comme le montre la Figure 3-3(b).

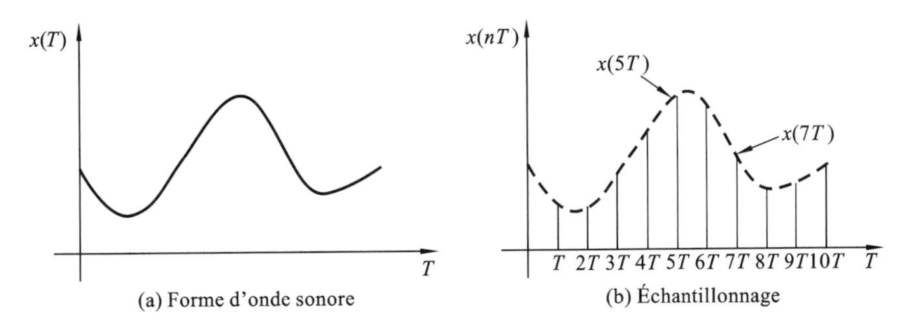

Figure 3-3 Schéma d'échantillonnage des formes d'ondes continues

Selon le théorème d'échantillonnage de Nyquist, tant que la fréquence d'échantillonnage est égale ou supérieure à deux fois la composante de fréquence la plus élevée dans le signal audio, la quantité d'informations ne sera pas perdue. En d'autres termes, ce n'est que lorsque la fréquence d'échantillonnage est supérieure à deux fois la fréquence la plus élevée du signal sonore que le son représenté par le signal numérique peut être restauré au son d'origine(le signal audio analogique continu d'origine). Sinon, cela produira divers degrés de distorsion. La loi d'échantillonnage est exprimée comme:

$$f\ \text{échantillonnage} \geqslant 2f \quad \text{ou} \quad T\ \text{échantillonnage} \leqslant T/2$$

Parmi eux, f est la fréquence la plus élevée du signal échantillonné. Si la fréquence la plus élevée d'un signal est f_{max}, quant à la fréquence d'échantillonnage, on doit choisir au minimum $2f_{max}$.

Les téléphones et les disques CD utilisés dans la vie quotidienne sont des exemples célèbres du théorème d'échantillonnage de Nyquist. La fréquence du signal de la voix téléphonique est d'environ 3,4 kHz. Dans le système de téléphonie numérique, afin de transformer la voix humaine en un signal numérique, la méthode PCM de modulation par code d'impulsion est adoptée, qui peut échantillonner 8 000 fois par seconde. Les disques CD stockent des informations numériques. Pour obtenir l'effet de qualité sonore du CD, vous devez vous assurer que la fréquence d'échantillonnage est de 44,1 kHz, c'est-à-dire qu'il peut capturer des signaux avec des fréquences allant jusqu'à 22,05 kHz. Dans la technologie multimédia, trois fréquences d'échantillonnage audio sont généralement sélectionnées: 11,025 kHz, 22,05 kHz et 44,1 kHz. Sous la condition qui permet la distorsion, la fréquence d'échantillonnage doit être choisie la plus basse possible pour éviter d'occuper trop de données.

Les fréquences d'échantillonnage audio couramment utilisées et leurs conditions d'application sont comme suit:

① 8 kHz, adapté à l'échantillonnage vocal, peut répondre aux exigences des normes de qualité vocale téléphonique.

② 11,025 kHz, peut être utilisé pour l'échantillonnage de la voix et du son avec la fréquence la plus élevée ne dépassant pas 5 kHz, ce qui peut répondre à la norme de qualité sonore de la voix téléphonique, mais pas aussi bonne que l'exigence de qualité sonore de la diffusion AM.

③ 16 kHz et 22,05 kHz, adaptés à l'échantillonnage sonore avec la fréquence la plus élevée inférieure à 10 kHz, peuvent atteindre le standard de qualité sonore de la diffusion AM.

④ 37,8 kHz, adapté à l'échantillonnage sonore avec la fréquence la plus élevée inférieure à 17,5 kHz et peut atteindre le standard de qualité sonore de la diffusion FM.

⑤ 44,1 kHz et 48 kHz, principalement utilisés pour l'échantillonnage de musique, peuvent atteindre le standard de qualité sonore des disques laser. Pour les sons dont la fréquence la plus élevée est inférieure à 20 kHz, une fréquence d'échantillonnage de 44,1 kHz est généralement utilisée, afin de réduire la surcharge de stockage du son numérique.

2. Quantification et bit de quantification

L'échantillonnage ne résout que le problème de numérisation de la division d'une forme d'onde en plusieurs parties égales sur la coordonnée temporelle(c'est-à-dire l'axe horizontal) du signal de forme d'onde audio. Cependant, quelle est la hauteur du rectangle de chaque partie égale? C'est-à-dire qu'une méthode numérique est nécessaire pour refléter la valeur de tension de l'amplitude de l'onde sonore à un certain moment. Cette valeur affecte directement le niveau du volume. Nous appelons la représentation numérique de l'amplitude de la forme d'onde sonore « la quantification » .

Le processus de quantification consiste d'abord à diviser le signal échantillonné en un ensemble de sections finies en fonction de l'amplitude de l'onde sonore entière, à classer les échantillons tombant dans une certaine section dans la même catégorie et à y attribuer la même valeur quantifiée. Comment diviser l'amplitude du signal échantillonné? Toujours adopter la méthode binaire, diviser l'axe vertical par 8 ou 16 bits. En d'autres termes, dans un effet sonore avec mode d'enregistrement 8 bits, son axe vertical sera divisé en 2^8 niveaux de quantification(quantization levels) pour enregistrer son amplitude. Dans un effet sonore avec un mode d'échantillonnage 16 bits, l'amplitude sonore collectée dans chaque intervalle d'échantillonnage fixe sera enregistrée avec 2^{16} différents niveaux de quantification.

Le schéma de l'échantillonnage et de la quantification du son est présenté dans la Figure 3-4.

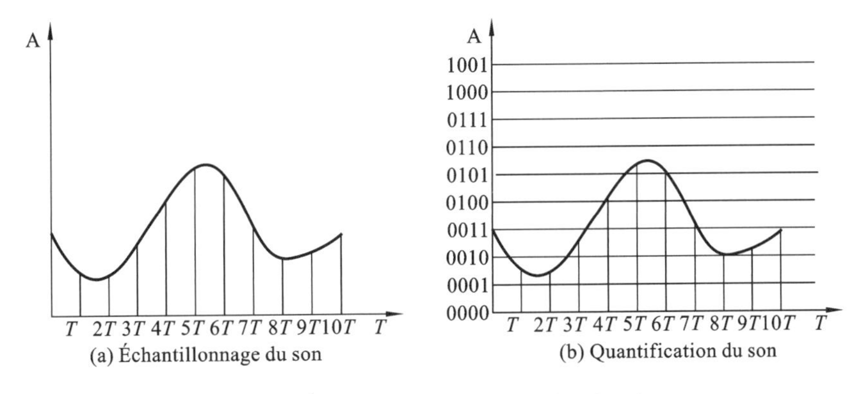

Figure 3-4 Échantillonnage et quantification du son

3. Encodage

Une fois la quantité du signal analogique échantillonnée et quantifiée, elle formera une série de signaux discrets : des signaux numériques pulsés. Cette sorte de signal numérique pulsé peut être codé d'une certaine manière pour former les données utilisées à l'intérieur de l'ordinateur. Le soi-disant encodage est le processus d'exprimer les données binaires du résultat de quantification dans un certain format. Autrement dit, selon un certain format, les données discrètes obtenues par échantillonnage et quantification sont enregistrées, et certaines données pour la correction d'erreurs, la synchronisation et le contrôle sont ajoutées aux données utiles. Pendant la lecture des données, vous pouvez déterminer si les données audios lues comportent des erreurs sur la base des données de correction d'erreur enregistrées. S'il y a une erreur dans une certaine plage, elle peut être corrigée.

Il existe de nombreuses formes de codage, et la méthode de codage couramment utilisée est PCM : la modulation de code par impulsions.

Ⅲ. Stockage des fichiers audio

1. Volume des fichiers audio

La capacité de stockage de l'audio numérique dépend de la fréquence d'échantillonnage, de la précision d'échantillonnage et du nombre des pistes vocales des ondes sonores analogiques.

Capacité de stockage = fréquence d'échantillonnage × précision d'échantillonnage × nombre de pistes vocales / 8(B/s)

L'unité de fréquence d'échantillonnage est le Hz et l'unité de précision d'échantillonnage est le bit. Le but de la division du produit par 8 est de convertir les bits en octets.

Par exemple, si la fréquence d'échantillonnage est de 44,1 kHz et que la précision d'échantillonnage est de 16b, le volume de données audio stéréo en une seconde est calculé comme suit:

Capacité de stockage = 44 100×16×2/8=176,4 kB/s

La qualité sonore de l'audio numérique a une certaine relation avec la quantité de données. La fréquence d'échantillonnage sonore appropriée doit être convertie en fonction de l'occasion et des exigences d'utilisation. La conversion de la fréquence d'échantillonnage doit être effectuée avec le logiciel correspondant.

2. Format des fichiers audio

La méthode de codage de l'audio numérique est le format audio numérique, et de différents appareils audios numériques correspondent généralement à de différents formats de fichiers audio. Les formats audio courants incluent le format CD, le format WAVE, le format MP3, le format MIDI, le format WMA et le format Real Audio.

(1) Format CD

Le fichier audio au format CD est un format audio avec une qualité sonore relativement élevée, avec un taux d'échantillonnage de 44,1 kHz et un taux de 88 kHz/s. Dans un disque CD, le fichier «. cda» que vous voyez n'est que des informations d'index, pas des informations sonores réelles. Le CD audio peut être converti en MP3 et en d'autres formats audios via un logiciel tel que Format Factory.

On peut dire que la piste audio du CD est presque sans perte et que le son est le plus proche du son d'origine. Les disques CD peuvent être lus dans un lecteur CD ou dans un ordinateur via un lecteur.

(2) Format WAVE

WAVE est un format de fichier audio pris en charge par la plate-forme Windows et ses applications. Il s'adapte aux plusieurs bits audio, fréquences d'échantillonnage et pistes vocales. La fréquence d'échantillonnage est de 44,1 kHz et le taux est de 88 kHz /s. Le fichier a un suffixe «. wav» et est très populaire sur les PC.

Le fichier WAVE est composé de trois parties: l'en-tête du fichier, les paramètres numérisés et les données de forme d'onde réelles. En général, la qualité sonore est directement proportionnelle à la taille du fichier de son format WAVE. Les fichiers WAVE sont faciles à générer et à modifier, mais ils ne conviennent pas à la lecture en réseau.

(3) Format MP3

Le MP3 est une technologie de compression audio qui utilise la technologie MPEG Audio Layer 3 pour compresser la musique en fichiers plus petits à un taux de compression de 1 : 10 ou même 1 : 12, et conserve très bien la qualité sonore d'origine.

Le MP3 est la couche III de l'audio standard MPEG-1. En fonction de la complexité et de l'efficacité du codage, il est divisé en trois couches: la couche Ⅰ, la couche Ⅱ et la couche Ⅲ. Le code de compression du MP3 combine les deux algorithmes MUSICAM et ASPEC, ce qui améliore considérablement le taux de compression du fichier et assure également la qualité de l'audio.

(4) Format MIDI

MIDI se réfère à l'origine à « l'interface d'instrument de musique numérique », qui est le nom d'une interface pour la transmission des signaux par de différents appareils. Comme les premières spécifications techniques de synthèse électronique n'étaient pas uniformes, jusqu'aux spécifications techniques MIDI 1. 0, les instruments de musique électroniques ont adopté cette spécification unifiée pour transmettre des informations MIDI, formant un système de performance musicale synthétique. Certaines personnes l'appellent la musique informatique.

Différents des fichiers WAVE, les fichiers MIDI sont des fichiers audio sans forme d'onde et stockent des instructions au lieu de données. Le format du fichier MIDI provient du format IEF, avec des définitions complexes et des règles d'encodage spéciales. Le fichier MIDI est composé de deux blocs, le bloc d'en-tête de fichier Mthd et le bloc de piste Mtrk.

(5) Format WMA

Le format WMA est un format audio qui atteint un taux de compression plus élevé en réduisant le trafic de données tout en maintenant la qualité du son, et son taux de compression peut atteindre 1 : 18. On peut également ajouter la solution DRM pour empêcher la copie, limiter le temps d'insertion et le nombre de fois, etc. , afin d'empêcher efficacement le piratage.

Le format WMA vient de Microsoft, et sa qualité sonore est plus forte que le format MP3. Il prend également en charge la technologie de streaming audio et convient à la lecture en ligne sur le réseau.

(6) Format RealAudio

RealAudio est un format audio principalement utilisé pour la transmission en temps réel sur un réseau étendu à bas débit. Il occupe une bande passante réseau de 14, 4 kbps au minimum et convient à la lecture en ligne sur le réseau.

Les formats de fichiers de Real incluent principalement ceux-ci: RA (RealAudio), RM (RealMedia, RealAudio G2) et RMX (RealAudio Secured). La caractéristique de ces formats est que la qualité sonore peut être modifiée en fonction des différentes largeurs de bande du réseau. Sous le principe que la plupart des gens peuvent entendre le son fluide, les auditeurs avec une bande passante plus riche peuvent obtenir une meilleure qualité sonore.

Section 2 Enregistrement sonore et réduction du bruit

GoldWave est un outil audio qui intègre l'édition, la lecture, l'enregistrement et la conversion du son. Il est compact mais pas faible en fonctionnalités. Il peut ouvrir beaucoup de formats de fichiers audio, y compris WAV, OGG, VOC, IFF, AIF, AFC, AU, SND, MP3, MAT, DWD, SMP, VOX, SDS, AVI, MOV, etc. Il est également capable d'extraire le son d'un CD, VCD, DVD ou d'autres fichiers vidéo. GoldWave peut non seulement couper et épisser le son de manière arbitraire, mais aussi utiliser ses fonctions Doppler, écho, réverbération, réduction du bruit, changement de hauteur et autres fonctions pour transformer le son en toutes sortes de chefs-d'œuvre.

Double-cliquez sur « GoldWave. exe » pour ouvrir le logiciel GoldWave et son interface est illustrée dans la Figure 3-5. De Figure 3-5, on peut voir que GoldWave a lancé deux panneaux, le grand panneau est l'éditeur et le petit panneau est le contrôle. L'éditeur effectue diverses modifications de la forme d'onde sonore et le contrôle peut contrôler l'enregistrement, la lecture et certaines opérations de réglage.

Figure 3-5 Interface du logiciel GoldWave

Ⅰ. Enregistrement de l'audio

Étape 1. Cliquez sur le menu 【Fichier】 et sélectionnez l'élément de menu 【Nouveau】 pour ouvrir la boîte de dialogue 【Nouveau son】, comme illustré dans la Figure 3-6. Dans cette boîte de dialogue, on peut choisir « mono » ou « stéréo » . S'il n'y a qu'un seul microphone pour l'enregistrement, l'enregistrement est mono. Dans ce cas-là, pour voir les fonctions dans la zone d'édition, on choisit « stéréo ». La valeur par défaut de 【Taux d'échantillonnage】 est de « 44 100 » , il existe de nombreuses options pour des taux d'échantillonnage alternatives, qui peuvent être sélectionnées en fonction des besoins. 【Longueur initiale du fichier】 est la longueur du nouveau fichier sonore, c'est-à-dire le nombre du temps. La valeur d'entrée est au format HH : MM : SS. T. Ici, HH signifie l'heure, MM signifie la minute, SS signifie la seconde, qui sont délimités par des deux-points. S'il n'y a pas de deux-points, le nombre signifie la seconde. S'il n'y a qu'un deux-points, le nombre devant le deux-points est la minute et l'autre est la seconde. S'il y a deux deux-points, le premier nombre est l'heure. Comme le montre la Figure 3-6, la longueur de « 1 : 00 » signifie 1 minute. Après avoir terminé les réglages ci-dessus, cliquez sur le bouton 【OK】 et la forme d'onde sonore nouvellement créée apparaîtra dans la zone d'édition, comme illustré dans la Figure 3-7. Bien sûr, elle est maintenant « silencieuse ».

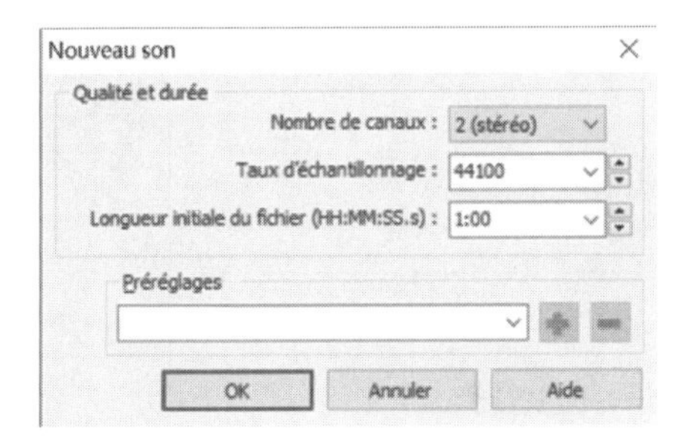

Figure 3-6 Boîte de dialogue【Nouveau son】

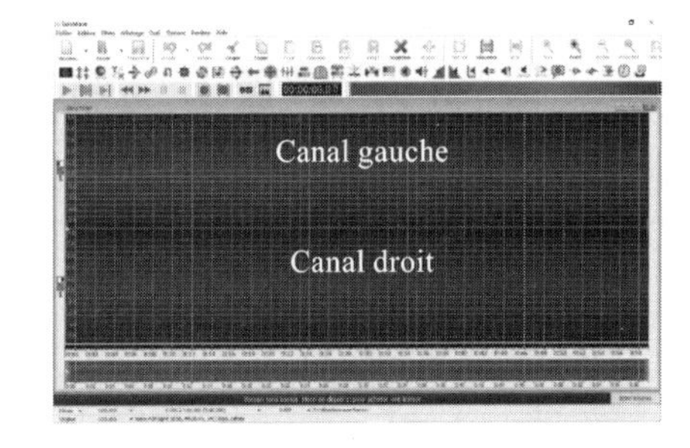

Figure 3-7 Interface de la forme d'onde

Étape 2. Cliquez sur le bouton rouge【Enregistrement】du【Contrôle】, comme illustré dans la Figure 3-8, puis parlez dans le microphone, la forme d'onde sonore enregistrée apparaît dans la zone d'édition, comme illustré dans la Figure 3-9.

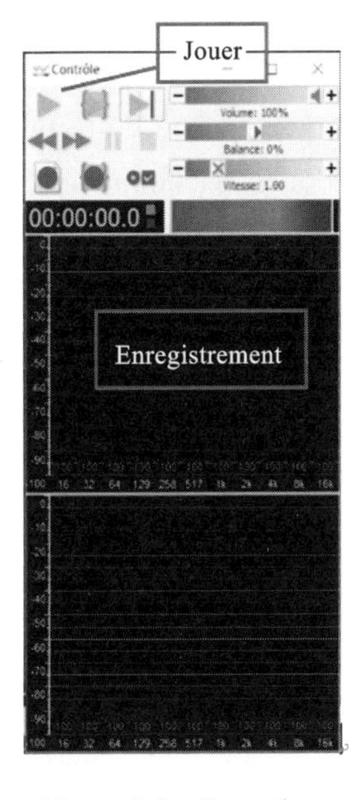

Figure 3-8 Contrôleur

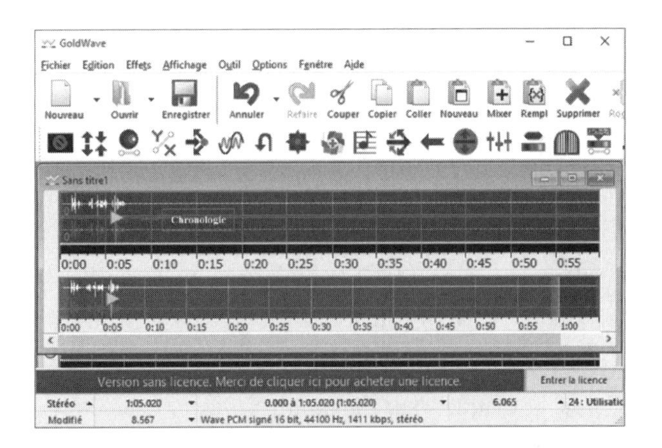

Figure 3-9 Interface utilisateur en état d'enregistrement

Étape 3. Une fois l'enregistrement terminé, cliquez sur le bouton【Jouer】du【Contrôle】, comme illustré dans la Figure 3-8, et auditionner le son enregistré.

Étape 4. Cliquez sur le menu【Fichier】, sélectionnez l'élément de menu【Enregistrer】et ouvrez la boîte de dialogue【Enregistrer le fichier】, comme illustré dans la Figure 3-10 ; sélectionnez le chemin de stockage du fichier, entrez le nom du fichier, puis sélectionnez « wav » ou « mp3 » dans le【Type de fichier】suivant. Cliquez sur le bouton【Enregistrer】pour terminer l'enregistrement du fichier audio.

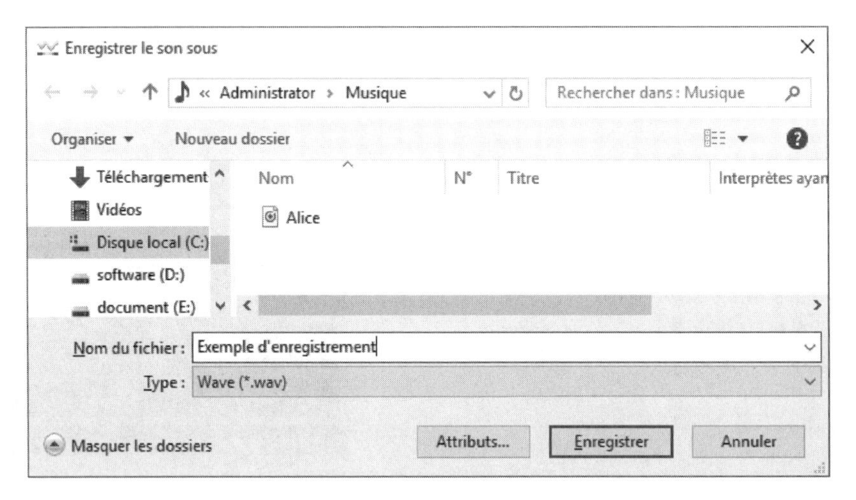

Figure 3-10　Fenêtre pour l'enregistrement du fichier audio

Remarque

1. Lors de la création d'un nouveau fichier audio, la durée prédéfinie doit être plus longue que la durée d'enregistrement requise, car elle peut être coupée si elle n'est pas épuisée. Mais si elle ne suffit pas, ce sera gênant.

2. La fonction par défaut de la touche de lecture verte et de la touche de lecture jaune sur le contrôleur est la même. Les deux jouent la forme d'onde sélectionnée. Le contenu à jouer par les deux touches de lecture peut être défini dans l'élément de menu【Propriétés du contrôleur】du menu【Options】.

Ⅱ. Édition sonore

Lors de l'enregistrement du fichier audio, nous pouvons avoir des erreurs. À ce stade, faites une petite pause, puis répétez la mauvaise phrase. Essayez de ne pas arrêter l'enregistrement. Une fois l'enregistrement terminé, supprimez l'endroit où l'erreur verbale s'est produite. Ainsi la cohérence globale de l'audio est meilleure. Il est très pratique d'utiliser le logiciel GoldWave pour l'édition sonore. Les étapes spécifiques sont les suivantes.

Étape 1. Cliquez sur le menu【Outil】, sélectionnez l'élément de menu【Fenêtre ...】, comme illustré dans la Figure 3-11, puis ouvrez la boîte de dialogue【Options de la fenêtre】, cochez la case « Méthode de sélection simple avec les boutons gauche et droit de la souris » ci-dessous, comme illustré dans la Figure 3-12, puis cliquez sur le bouton【OK】.

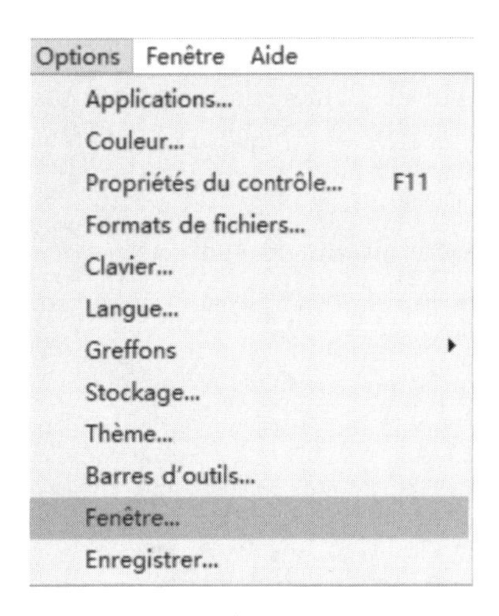

Figure 3-11 Éléments de menu 【Fenêtre...】

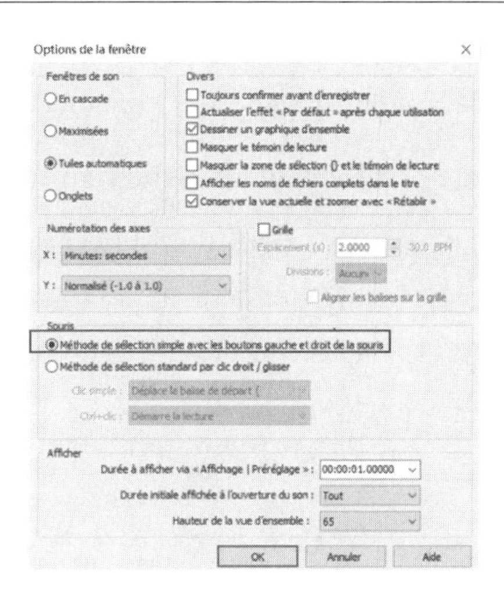

Figure 3-12 Boîte de dialogue 【Options de la fenêtre】

Étape 2. Dans le contrôle, appuyez sur le bouton vert 【Jouer】 pour lire le fichier audio enregistré, trouvez la position de départ du clip audio qui doit être supprimé, puis appuyez sur le bouton pause, et cliquez sur le bouton gauche de la souris à la position sur la chronologie pour confirmer le point de départ du clip audio sélectionné, comme illustré dans la Figure 3-13. Ensuite, appuyez sur le bouton vert 【Jouer】 pour continuer l'écoute, faites une pause à la position de fin du clip audio à supprimer et cliquez sur le bouton droit de la souris à la position de la chronologie pour terminer la sélection du clip audio. L'arrière-plan de la partie sélectionnée est bleu et celui de la partie non sélectionnée est noir, comme illustré dans la Figure 3-14.

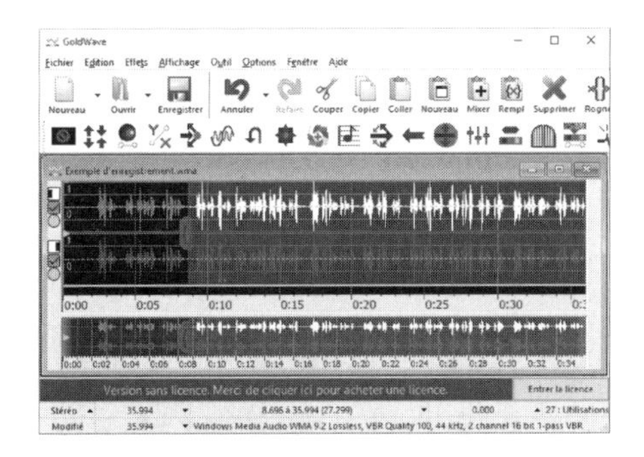

Figure 3-13 Confirmer le point de départ du clip audio sélectionné

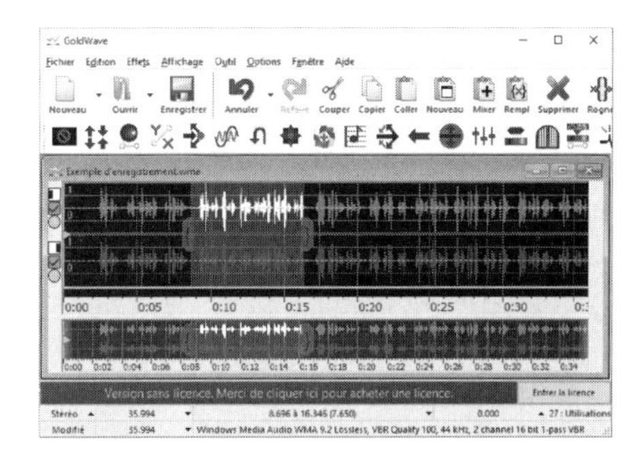

Figure 3-14 Confirmer la fin du clip audio sélectionné

Étape 3. Cliquez sur le bouton 【Supprimer】 dans la 【Barre d'outils】, comme illustré dans la Figure 3-15, supprimez le contenu sélectionné et écoutez l'effet après l'édition. Si le son est fluide, l'édition d'un clip audio est terminée.

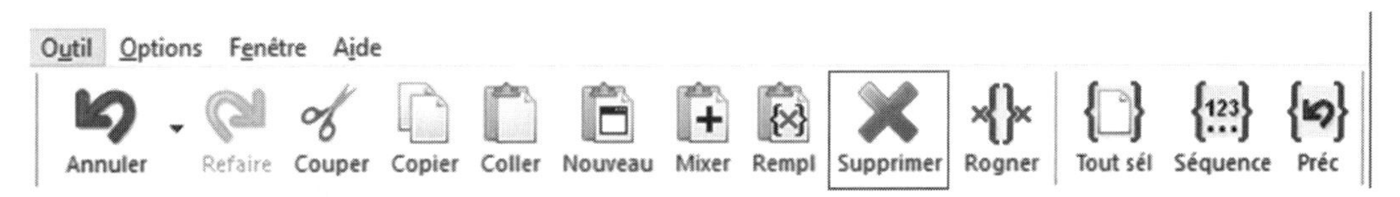

Figure 3-15 Le bouton 【Supprimer】

Étape 4. Répétez l'étape 2 et l'étape 3, supprimez tous les mauvais segments de son dans le fichier audio enregistré et terminez l'édition de l'ensemble du fichier audio.

Ⅲ. Traitement de réduction du bruit audio

Limité par l'équipement d'enregistrement et d'autres conditions, le son que nous avons enregistré contiendra un certain bruit, comme le montre la Figure 3-16, les parties entourées par les rectangles jaunes sont les bruits.

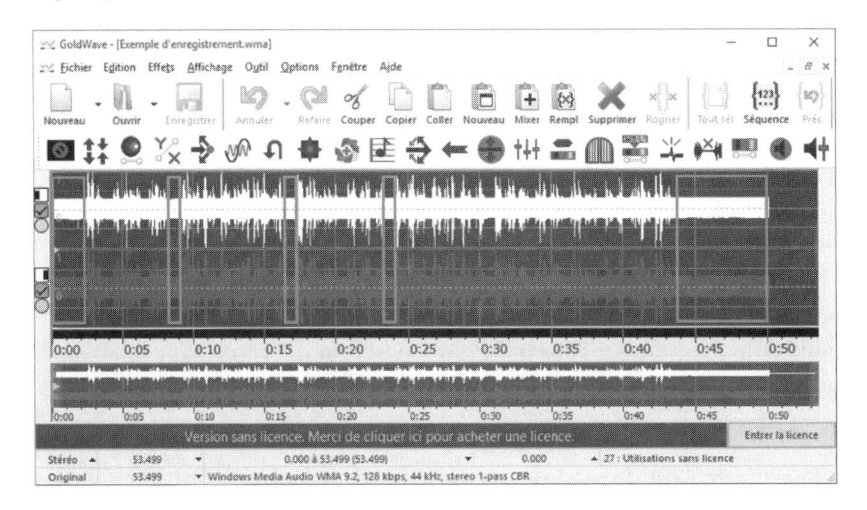

Figure 3-16　Bruit dans la forme d'onde

Il est très difficile de supprimer complètement le bruit, mais le logiciel GoldWave peut réduire l'impact du bruit sur la qualité sonore à un niveau très bas. Les méthodes spécifiques de réduction du bruit sont les suivantes:

Étape 1. Cliquez sur le menu【Effets】, sélectionnez le menu【Réduction du bruit…】dans le menu en cascade de l'élément de menu【Filtre】, comme illustré dans la Figure 3-17. Ouvrez la boîte de dialogue【Réduction du bruit】, comme illustré dans la Figure 3-18.

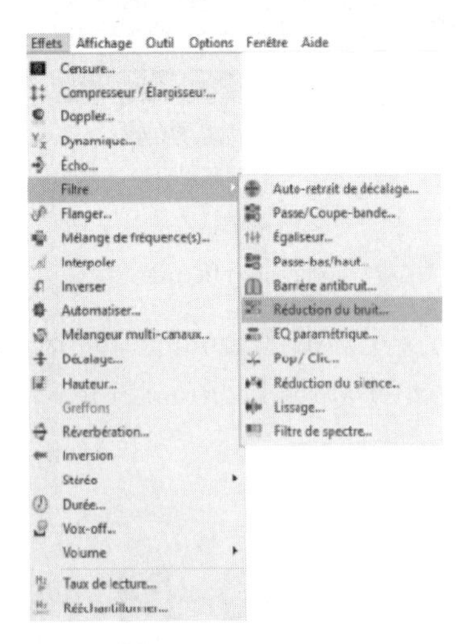

Figure 3-17　Le menu【Réduction du bruit】

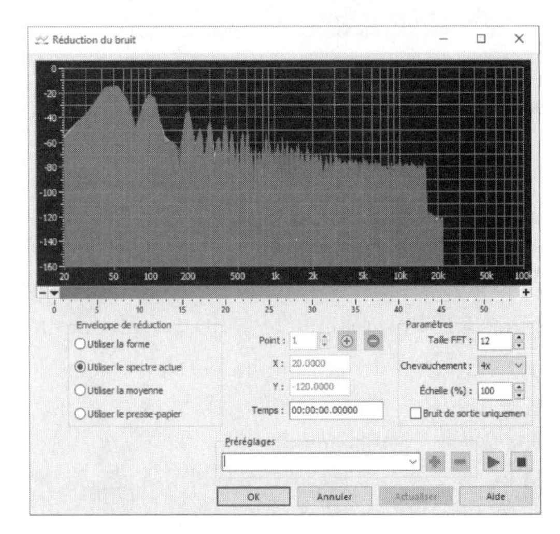

Figure 3-18　La fenêtre【Réduction du bruit】

Étape 2. Conservez la valeur par défaut du panneau et cliquez sur le bouton 【OK】 ci-dessous. Une fois le traitement terminé, la forme d'onde audio est illustrée à la Figure 3-19. Vous pouvez voir clairement que le bruit est réduit et que la partie silencieuse est proche d'une ligne droite. Jouez à nouveau, le bruit a presque disparu, mais la voix ne semble pas avoir changé.

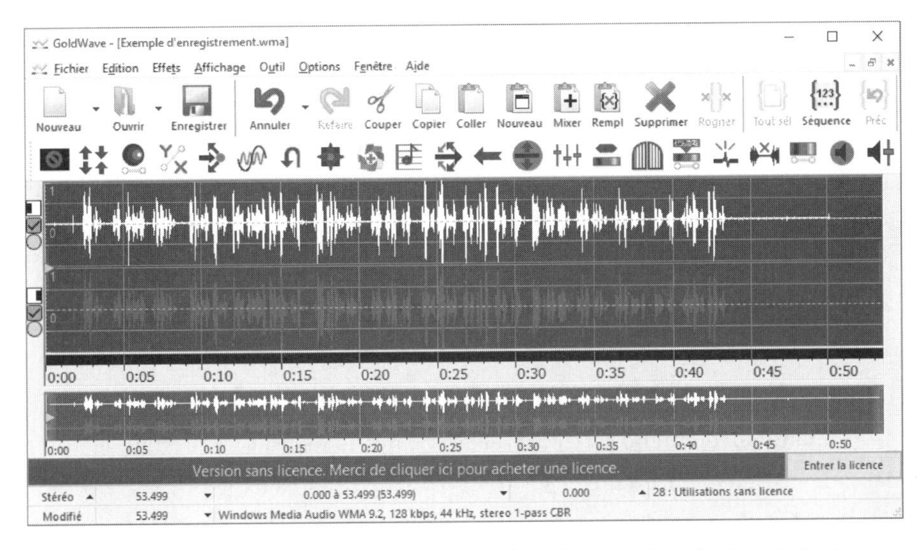

Figure 3-19　La forme d'onde audio après le traitement de réduction du bruit

Les paramètres par défaut sont basés sur le modèle de bruit général de l'équipement pour éliminer le bruit, mais après tout, les causes du bruit sont très différentes. L'environnement actuel, l'équipement utilisé et le logiciel de pièce de chaque enregistrement provoquent des bruits différents. Par conséquent, le logiciel GoldWave fournit également un moyen d'échantillonner à partir du fichier d'enregistrement, afin de réduire le bruit en fonction de l'échantillon. Les étapes spécifiques sont les suivantes:

Étape 1. Sélectionnez une forme d'onde sans voix, mais avec du bruit dans le fichier de forme d'onde, comme illustré dans la Figure 3-20.

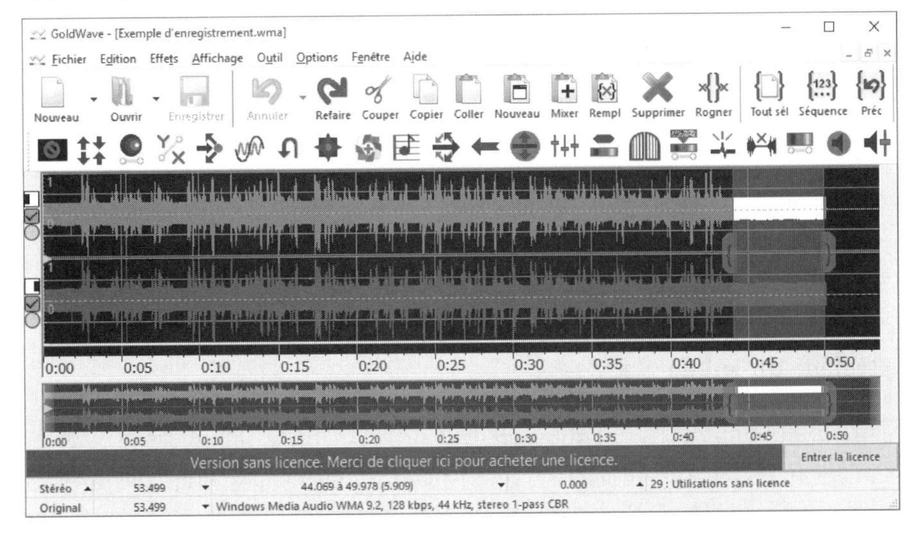

Figure 3-20　Sélectionnez une forme d'onde du bruit

Étape 2. Après la sélection, cliquez sur 【Jouer】 pour l'écouter, confirmez qu'il n'y a pas de contenu vocal dans le segment, puis cliquez sur le bouton 【Copier】 dans la 【Barre d'outils】, comme illustré dans la Figure 3-21. Copiez le contenu sélectionné et le contenu copié est « Échantillon de bruit » .

Figure 3-21　Le bouton 【Copier】

Étape 3. Cliquez sur le bouton 【Tout sél(ectionner)】 dans la 【Barre d'outils】, comme illustré dans la Figure 3-22, pour sélectionner la forme d'onde du fichier sonore entier.

Figure 3-22　Le bouton 【Tout sél(ectionner)】

Étape 4. Cliquez sur le menu 【Effets】, sélectionnez le menu 【Réduction du bruit】 dans le menu en cascade de l'élément de menu 【Filtre】, comme illustré dans la Figure 3-17. Ouvrez la boîte de dialogue 【Réduction du bruit】, sélectionnez dans le coin inférieur gauche de la boîte de dialogue l'option 【Utiliser le presse-papier】 dans le groupe d'options 【Enveloppe de réduction】, comme illustré dans la Figure 3-23, puis cliquez sur le bouton 【OK】.

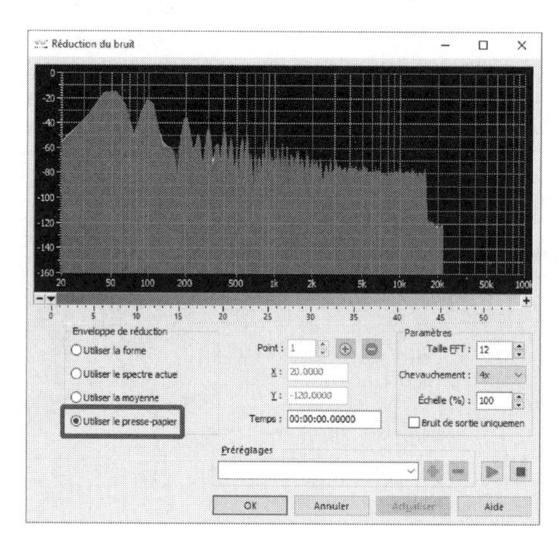

Figure 3-23　Utiliser l'échantillon du bruit pour la réduction du bruit

Section 3　Edition et synthèse du son

Ⅰ. Réglage du volume

La barre de volume de l'ordinateur, le haut-parleur ou le potentiomètre de volume de l'écouteur peuvent régler le volume. Certains lecteurs multimédias ont également la fonction de réglage du volume. Cependant, les méthodes ci-dessus pour modifier le volume ne modifient pas l'amplitude de la forme d'onde du fichier sonore d'origine, elles ne changent que la taille du son joué. Ici, nous voulons changer l'amplitude de la forme d'onde dans le fichier sonore d'origine. Les étapes de l'opération sont les suivantes.

Étape 1. Cliquez sur le menu 【Effets】, et dans le menu en cascade de l'élément de menu 【Volume】, sélectionnez l'option 【Changer le volume】 pour ouvrir la fenêtre 【Changer le volume】, comme illustré dans la Figure 3-24.

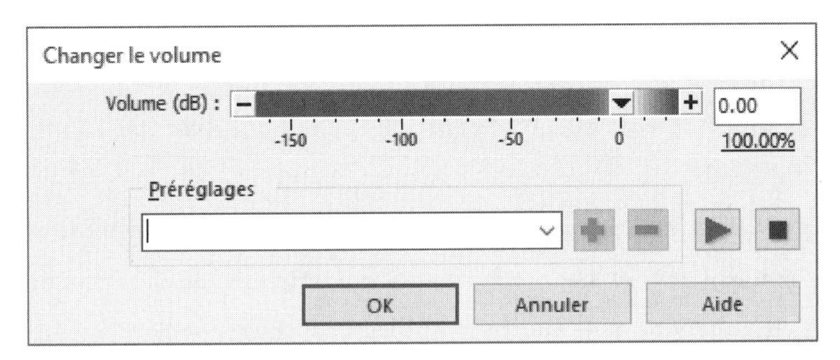

Figure 3-24 La fenêtre 【Changer le volume】

Étape 2. Faites glisser le curseur vers la gauche pour diminuer le volume, vers la droite pour augmenter le volume, cliquez sur 【−】 et 【+】 aux deux extrémités du curseur avec la souris pour affiner. Vous pouvez aussi entrer la valeur directement dans la zone de texte à droite pour l'ajuster.

Étape 3. Après le réglage, vous pouvez cliquer sur le bouton vert 【Jouer】 dans la fenêtre pour avoir un essai d'écoute Une fois que l'écoute d'essai est appropriée, cliquez sur le bouton 【OK】 pour terminer le réglage du volume.

Il convient de noter que l'amplitude de la forme d'onde sonore enregistrée par ordinateur a une certaine plage, c'est-à-dire qu'il y a une limite à la valeur maximale. Si l'amplitude dépasse cette limite, elle ne sera enregistrée qu'à la valeur maximale et la partie en excès sera coupée, ce qui provoquera un certain degré de distorsion du son. On l'appelle « distorsion tronquée » . La raison de ce phénomène est appelée « surcharge » de volume. Comme le montre la Figure 3-25, la partie délimitée par un rectangle est la partie « distorsion tronquée » .

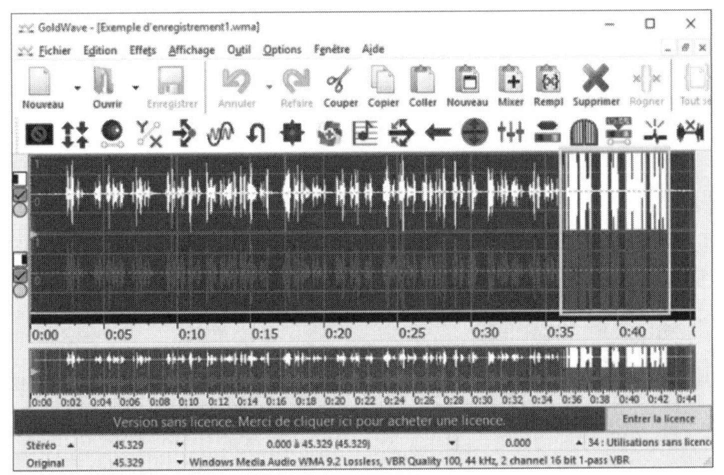

Figure 3-25 Volume ordinaire et volume surchargé

Remarque

1. La distorsion tronquée ne peut en aucun cas être éliminée, donc lors de l'enregistrement, il vaut mieux ajuster le volume bas au lieu de l'ajuster haut. Dans la Figure 3-1, les bords supérieur et inférieur de la zone d'édition sont les limites, marquées comme positif « 1 » et négatif « 1 » sur la figure, et l'amplitude de la médiane est de « 0 », ce qui signifie qu'il n'y a pas de son. Généralement, lorsque nous enregistrons, l'amplitude est contrôlée entre 50% et 80%, comme le montre la moitié gauche de la Figure 3-1.

2. Pour de différents appareils de lecture du son, l'amplification du son n'est pas la même. Par conséquent, il n'est pas tout à fait crédible de déterminer si le volume est approprié en fonction de l'audition subjective. Lors du réglage du son, il est nécessaire de juger si le volume du son est approprié en fonction de la forme d'onde du son.

3. Parfois, il y a une phrase dans notre prononciation qui est trop faible ou trop forte. Vous pouvez sélectionner le segment sonore qui doit être ajusté, puis changer le volume. Le réglage du volume n'affecte que la partie sélectionnée.

4. La méthode de sélection d'abord et d'ajustement après peut réaliser un ajustement partiel du son, qui est efficace pour tous les ajustements d'effet.

5. Lorsque vous sélectionnez une seule phrase ou même un seul mot, vous pouvez utiliser le bouton【Avant】de la【Barre d'outils】pour agrandir l'échelle de temps du son afin de rendre la sélection plus précise. Lorsque vous n'avez pas besoin de faire un zoom avant, vous pouvez cliquer sur le bouton【Arrière】pour effectuer un zoom arrière sur la forme d'onde.

Ⅱ. Synthèse du son

La synthèse sonore est principalement utilisée pour fusionner deux voix afin qu'elles puissent être jouées simultanément, par exemple dans une récitation musicale, les étapes sont comme suit:

Étape 1. Cliquez sur le menu【Fichier】, sélectionnez l'élément de menu【Ouvrir ...】, comme indiqué sur la Figure 3-26, ouvrez la fenêtre【Ouvrir un son】, sélectionnez le fichier de musique de fond, comme indiqué sur la Figure 3-27, puis cliquez sur le bouton【Ouvrir】pour ouvrir le fichier de musique de fond.

Étape 2. Sélectionnez tous les clips audio ou sonores dont vous avez besoin comme musique de fond, et cliquez sur le bouton【Copier】dans la barre d'outils, comme indiqué sur la Figure 3-28.

Étape 3. Utilisez la même méthode qu'à l'étape 1 pour ouvrir le fichier vocal.

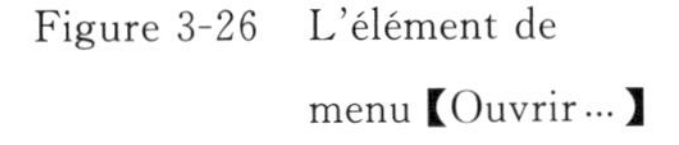
Figure 3-26 L'élément de menu【Ouvrir…】

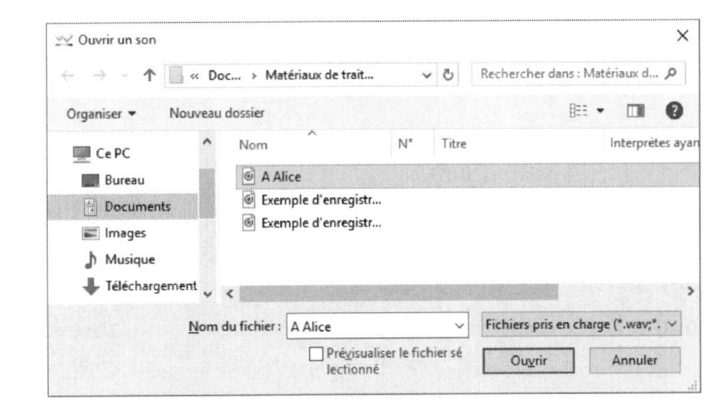

Figure 3-27 La fenêtre【Ouvrir un son】

Figure 3-28 Le bouton【Copier】

Étape 4. Cliquez sur le bouton【Mixer】dans la barre d'outils, comme indiqué sur la Figure 3-29, pour ouvrir la fenêtre【Mixer】, appuyez sur le bouton vert【Jouer】dans la fenêtre pour écouter l'effet de mixage, vous pouvez faire glisser la position du curseur du paramètre【Volume】pour ajuster le volume de la musique de fond, comme indiqué sur la Figure 3-30. En général, le volume de fond doit être inférieur au volume de la voix, quand l'effet de mixage est satisfaisant, appuyez sur le bouton【OK】pour terminer la synthèse sonore.

Figure 3-29 Le bouton【Mixer】

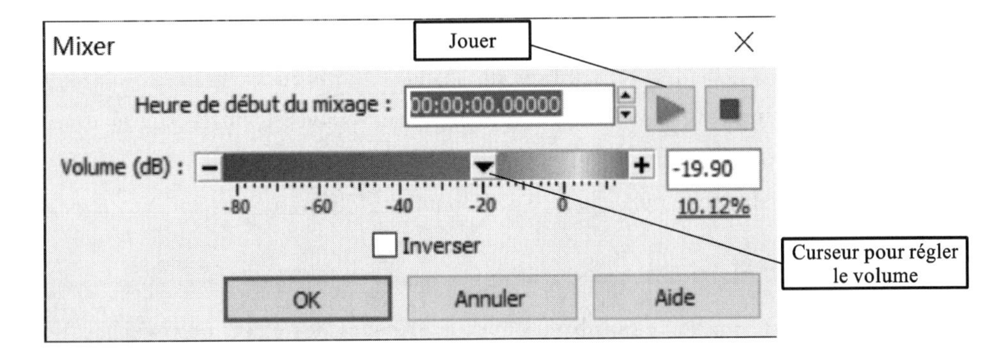

Figure 3-30 La fenêtre【Mixer】

Section 4　Traitement des effets sonores

Ⅰ. Ajout d'écho

L'écho, comme son nom l'indique, fait référence au son produit après un certain temps et qui revient ensuite pour être entendu par nous, tout comme le cri dans le désert devant les montagnes. Il est largement utilisé dans de nombreux montages et doublages de films et de télévision. L'effet d'écho de GoldWave est très simple à produire, et s'effectue comme suit:

Étape 1. Cliquez sur le menu【Effets】, sélectionnez l'élément de menu【Écho…】, comme indiqué sur la Figure 3-31, pour ouvrir la fenêtre【Écho】, comme indiqué sur la Figure 3-32.

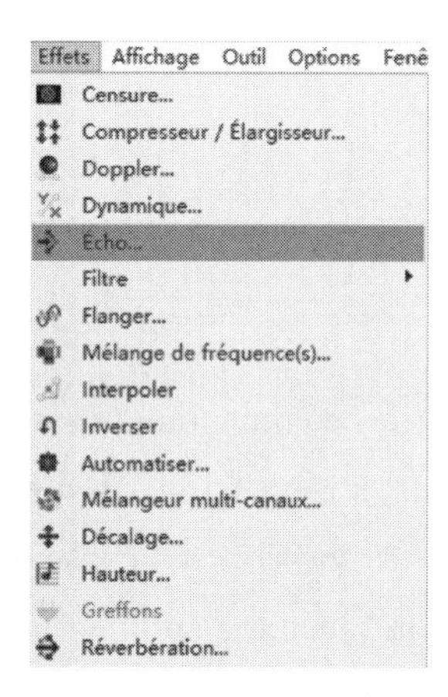

Figure 3-31　L'élément de menu【Écho…】

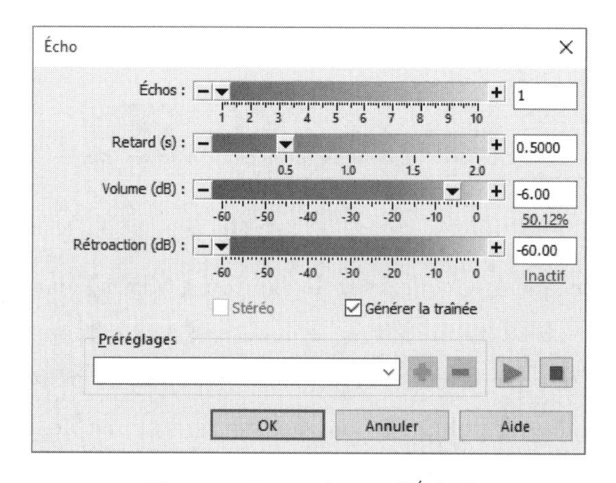

Figure 3-32　La fenêtre【Écho】

Étape 2. Réglez les paramètres. Le paramètre【Échos】est pour régler le nombre de répétitions de l'écho, plus il y a de répétitions, plus l'effet est évident. Le paramètre【Retard (s)】pour régler le temps de retard, c'est-à-dire la différence de temps entre le son original et l'écho, qui est théoriquement le temps utilisé pour deux fois la distance de la source de propagation du son et des réflexions. Plus la valeur est grande, plus la durée du son est longue. Le paramètre【Volume(dB)】est pour régler la taille du volume de l'écho. Cette valeur ne doit pas être trop grande, sinon l'effet d'écho paraîtra irréel. Le paramètre【Rétroaction(dB)】sert à régler le volume de l'onde de retour, c'est-à-dire à ajuster la profondeur de l'onde. Une fois les réglages terminés, vous pouvez appuyer sur la touche verte【Jouer】dans la fenêtre pour écouter, ajuster à nouveau les places non satisfaites jusqu'à ce que vous obteniez des résultats satisfaisants, puis cliquer sur le bouton【OK】pour terminer les réglages.

Ⅱ. Ajout de mixage

De nombreuses chansons et de nombreux audios utilisent des effets de réverbération pour augmenter l'attrait du son. Le principe de la réverbération et celui de l'écho est très similaire, la différence est que la réverbération simule l'effet sonore d'un espace confiné tel qu'une salle de concert ou un cinéma, où les échos proviennent de toutes les directions, et l'effet de réverbération peut être compris comme l'effet de superposition des échos provenant de toutes les directions. Dans le logiciel GoldWave, il est également très facile d'ajouter des effets de réverbération, avec les étapes suivantes:

Étape 1. Cliquez sur le menu 【Effets】, sélectionnez l'élément de menu 【Réverbération…】, comme indiqué dans la Figure 3-33, pour ouvrir la fenêtre 【Réverbération】, comme indiqué dans la Figure 3-34.

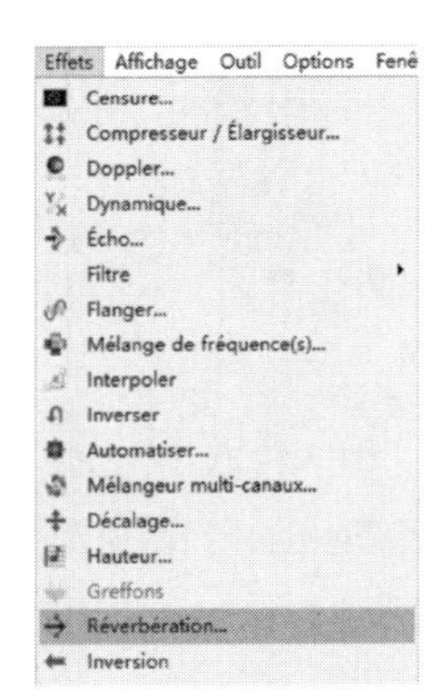

Figure 3-33 L'élément de menu 【Réverbération…】

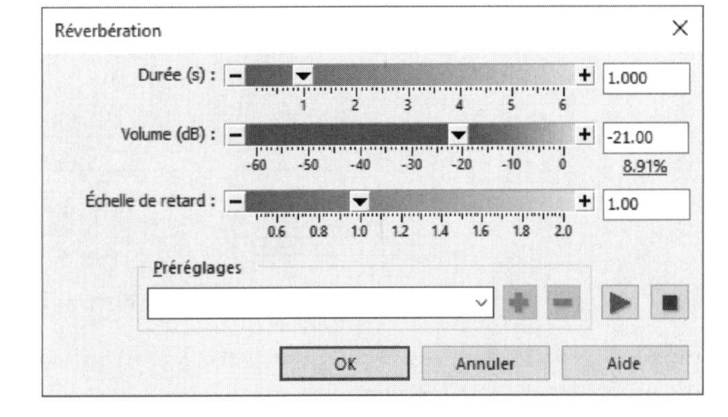

Figure 3-34 La fenêtre 【Réverbération】

Étape 2. Réglez les paramètres, le paramètre 【Durée(s)】 est utilisé pour définir la durée du son de réverbération. En général, on utilise la valeur par défaut de 1. 0. Le paramètre 【Volume(dB)】 est utilisé pour définir le volume du son de réverbération. Plus le volume est faible, plus la réverbération est silencieuse. Le paramètre 【Echelle de retard】 est utilisé pour affiner l'effet de réverbération. En général, on prend 1. 0. Une fois les réglages terminés, vous pouvez appuyer sur le bouton vert 【Jouer】 dans la fenêtre pour auditionner, puis ajustez la partie insatisfaite à nouveau, jusqu'à ce que vous obteniez un résultat satisfaisant. Finalement, cliquez sur le bouton 【OK】 pour terminer les réglages.

Ⅲ. Réglage de hauteur

Nous ajustons l'intonation en changeant la « fréquence » vibratoire de la voix. En général, les cordes vocales des femmes sont serrées et fines, produisant un son aigu, tandis que les cordes vocales des hommes sont lâches et épaisses, produisant un son grave. Cependant, grâce à la fonction de modulation, nous pouvons transformer le soprano en basse ou la basse en soprano en suivant les étapes suivantes:

Étape 1. Cliquez sur le menu 【Effets】, sélectionnez l'élément de menu 【Hauteur】 pour ouvrir la fenêtre 【Hauteur】, comme le montre la Figure 3-35.

Étape 2. Pour le réglage de la voix, généralement, on sélectionne 【Echelle】. Faites glisser le curseur de sorte que la hauteur est proportionnellement plus bas ou plus haut. Vous pouvez également entrer le numéro dans la zone de texte de droite, par exemple, entrer 110 signifie que la fréquence de la voix sera dans les 110% d'origine. Pour le réglage des compositions

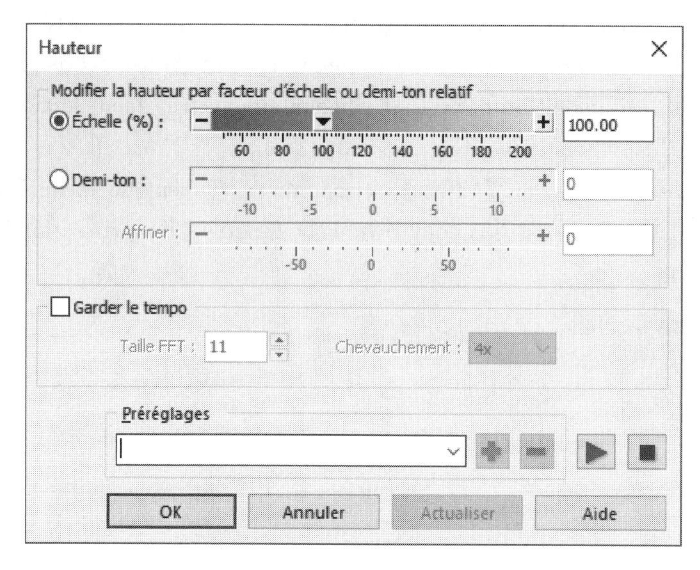

Figure 3-35　La fenêtre de modification de la hauteur

musicales, vous devez utiliser【Demi-ton】pour effectuer. Sélectionnez【Demi-ton】, cliquez sur l'extrémité gauche de【−】chaque fois pour diminuer d'un demi-ton, et cliquez sur l'extrémité droite de【+】pour augmenter d'un demi-ton. Si vous voulez quand même faire des levées en un demi-ton, vous pouvez l'ajuster dans【Affiner】de la ligne suivante.

Étape 3. Cochez la case【Garder le tempo】ci-dessous pour que la durée de l'audio ne change pas.

Remarque

1. Comme le réglage du volume, le réglage de la hauteur peut être effectué à travers le changement des clips sonores ou même du son d'un mot.

2. Lorsque le changement de la hauteur est important, le volume du son change également. Il est généralement nécessaire d'ajuster le volume selon les besoins après le réglage de la hauteur.

Chapitre 4 Traitement vidéo numérique

La vidéo est un groupe d'images qui changent continuellement dans le temps. Lorsque le changement des images continues dépasse 24 images par seconde, selon le principe de la fugacité visuelle, l'œil humain ne peut pas distinguer un seul écran statique, ainsi un effet visuel lisse et continu sera produit. Ce groupe d'images de changement continu est appelé « vidéo » ou « image animée » , etc.

La vidéo est obtenue directement du monde réel par la caméra, ce qui permet aux gens de percevoir sensiblement et de comprendre la signification des informations multimédia exprimées. La vidéo est divisée en vidéo analogique et vidéo numérique.

Section 1 Connaissances fondamentales de vidéo

Ⅰ. Vidéo analogique et vidéo numérique

Le terme « vidéo » (Video) vient du latin « ce que je peux voir » , qui se réfère généralement à de différents types d'images animées. Il est également connu sous le nom de « film » , « bande vidéo enregistrée » , « image animée » , etc. Ce terme désigne généralement une variété de techniques permettant de capturer, d'enregistrer, de stocker, de transmettre et de reproduire une série d'images fixes sous forme de signaux électriques. Selon les différentes manières de stockage et de traitement de vidéo, la vidéo peut être divisée en deux catégories: la vidéo analogique et la vidéo numérique.

1. Vidéo analogique

La vidéo analogique (Analog Video) appartient à la catégorie des signaux vidéo de télévision traditionnels, ce qui signifie que chaque image est un signal d'image réelle d'une scène naturelle acquise en temps réel. Les signaux vidéo analogiques sont basés sur la technologie analogique et les normes internationales d'affichage d'images pour produire des images vidéo, avec un faible coût, une bonne reproductibilité et d'autres avantages. L'image vidéo donne souvent un sentiment d'immersion. L'inconvénient est que, quelle que soit la qualité du signal d'image enregistré, la qualité du signal et de l'image sera considérablement dégradée après une longue période de stockage ou des copies à maintes reprises.

Le signal de télévision est une source d'information importante pour le traitement vidéo. La norme du signal de télévision est également connue sous le nom de norme de télévision. Actuellement, les normes de télévision varient d'un pays à l'autre. Les principales différences entre les différentes normes sont les différents taux de rafraîchissement, les différents systèmes de codage des couleurs et les différentes fréquences de transmission. Aujourd'hui, la norme(standard)de diffusion vidéo analogique la plus utilisée du monde est la norme PAL que la Chine, l'Europe utilisent, la norme NTSC que les États-Unis, le Japon utilisent et la norme SECAM que la France et d'autres pays utilisent.

(1) La norme NTSC

La norme NTSC est une norme établie en 1952 par le Comité national des normes de télévision des États-Unis(National Television Standard Committee). Son contenu de base est le suivant: le frame du signal vidéo est constitué par 525 lignes de balayage horizontal, qui utilisent la méthode de balayage entrelacé et se rafraîchissent une fois toutes les 1/30 secondes dans la surface du tube cathodique. Chaque image se complète par deux balayages, chaque balayage dessine un champ, il faut 1/60 secondes pour le compléter. Deux champs constituent un frame. Cette norme est utilisée aux États-Unis, au Canada, au Mexique, au Japon et dans de nombreux autres pays.

(2) La norme PAL

La norme PAL(Phase Alternate Lock) est une norme compatible avec la télévision, qui est développée par la République fédérale d'Allemagne en 1962. PAL signifie « alternance progressive de phase » . Cette norme est utilisée dans la plupart des pays européens, en Australie, en Afrique du Sud, en Chine et en Amérique du Sud. La résolution de l'écran a été portée à 625 lignes. Le taux de balayage a été réduit à 25 frames par seconde. Le balayage entrelacé est utilisé.

(3) La norme SECAM

La norme SECAM est l'abréviation de « Sequential Color and Memory » , qui est un système à 625 lignes et 50 Hz utilisé principalement en France, en Europe de l'Est, dans l'ex-Union soviétique et dans un certain nombre d'autres pays.

Les signaux vidéo analogiques comprennent principalement des signaux de luminance, des signaux de chromaticité, des signaux de synchronisation composites et des signaux sonores d'accompagnement. Le modèle YUV est utilisé pour représenter l'image couleur à la norme PAL de la télévision couleur. Parmi eux, Y représente la luminosité, U et V représentent l'aberration chromatique, qui sont les deux composantes de couleur. De même, dans la norme de télévision couleur NTSC, le modèle YIQ est utilisé, où Y représente la luminance et I et Q sont les deux composantes de couleur. L'importance de la représentation YUV est que son signal de luminance (Y) et son signal de chromaticité (U et V) sont indépendants l'un de l'autre. C'est-à-dire que le diagramme en noir et blanc à échelle de gris constitué de la composante du signal Y est indépendant des deux autres diagrammes monochromes constitués des signaux U et V. Comme Y, U et V sont indépendants, ces graphiques monochromatiques peuvent être encodés séparément.

2. Vidéo numérique

La vidéo numérique(Digital Video)désigne la vidéo enregistrée sous forme numérique par rapport aux signaux analogiques. La vidéo numérique a de différents modes de génération, de stockage et de lecture. La vidéo analogique peut être convertie en signaux vidéo analogiques via la carte de capture vidéo pour une conversion A/N(analogique/numérique). Ce processus de conversion est la capture vidéo(ou processus de capture), puis à l'aide de la technologie de compression numérique, le signal converti est stocké sur un disque informatique, ainsi, il devient une vidéo numérique.

Par rapport à la vidéo analogique, la vidéo numérique a les caractéristiques suivantes.

① La vidéo numérique peut être reproduite d'innombrables fois sans distorsion.

② La vidéo numérique est facile à stocker pendant de longues périodes sans aucune dégradation de qualité.

③ On peut monter une vidéo numérique de façon non linéaire, et y ajouter des effets spéciaux, etc.

④ Les données des vidéos numériques sont si volumineuses qu'elles doivent être compressées et encodées durant le stockage et la transmission.

Ⅱ. Montage linéaire et non linéaire

1. Montage linéaire

Le montage linéaire est la méthode traditionnelle de montage vidéo. Les signaux vidéo sont enregistrés séquentiellement sur bande. Lors du montage vidéo, le monteur sélectionne une séquence appropriée en faisant passer la bande par un projecteur vidéo, l'enregistre sur l'une des bandes du magnétoscope, puis recherche séquentiellement la séquence vidéo souhaitée et l'enregistre. Cette opération est répétée jusqu'à ce que toutes les séquences appropriées aient été enregistrées dans la séquence complète requise par le programme. Cette approche séquentielle du montage vidéo est appelée « montage linéaire ».

2. Montage non linéaire

Le montage vidéo non linéaire concerne les fichiers vidéo numériques. La post-édition de la production vidéo dans un environnement de montage logiciel permet d'accéder, de modifier et de traiter de manière aléatoire n'importe quelle partie du matériel original. Cette structure d'édition non séquentielle est appelée « montage non linéaire ».

Le montage non linéaire a les caractéristiques suivantes.

① Le matériel du montage non linéaire est stocké sous forme de signal numérique sur le disque dur de l'ordinateur, qui peut être ajusté à la volée pour effectuer une recherche rapide et un positionnement précis, et la qualité de l'image peut être contrôlée.

② Le montage non linéaire possède de puissantes capacités d'édition. Un système de montage non linéaire complet intègre souvent l'enregistrement, le montage, les cascades, les sous-titres, l'animation et d'autres caractéristiques qui sont inégalées par le montage linéaire.

③ Le système de montage non linéaire nécessite relativement peu d'investissements, et les coûts d'entretien, de réparation et de fonctionnement des équipements sont bien inférieurs à ceux du montage linéaire.

Ces caractéristiques du montage vidéo non linéaire en ont fait la principale méthode de montage des programmes de télévision.

Ⅲ. Numérisation des signaux vidéo

Il existe deux façons principales d'obtenir des informations vidéo numériques: l'une consiste à utiliser les paysages capturés par les caméras numériques, qui permet d'obtenir directement une vidéo numérique sans distorsion; l'autre consiste à convertir la vidéo analogique en vidéo numérique au moyen de cartes de capture vidéo et à l'enregistrer dans le format d'un fichier vidéo numérique.

Un système de capture vidéo numérique se compose de trois parties: un système informatique multimédia à haute configuration, une carte de capture vidéo et une source de signal vidéo, comme le montre la Figure 4-1.

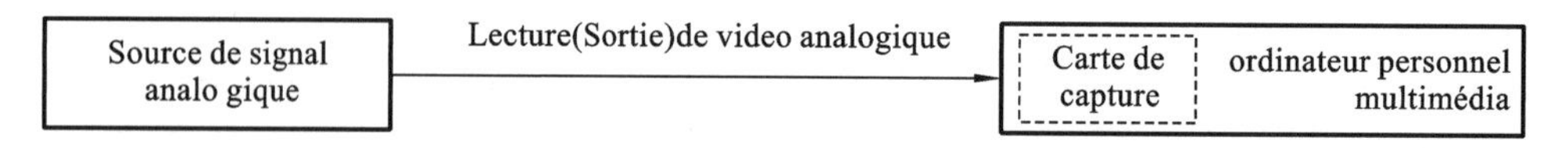

Figure 4-1 Système de capture vidéo numérique

1. Les fonctions de la carte de capture vidéo

La carte de capture vidéo de l'ordinateur peut recevoir le signal vidéo analogique de l'entrée vidéo (magnétoscopes, caméras et autres sources de signaux vidéo), le signal est capturé, quantifié, transformé en signal numérique, puis compressé et encodé en une séquence vidéo numérique. La plupart des cartes de capture vidéo sont équipées de capacités de compression matériclle. Lors dc l'acquisition de signaux vidéo, le signal vidéo est d'abord compressé sur la carte, puis les données vidéo comprimées sont transmises à l'hôte par l'intermédiaire de l'interface PCI. La carte de capture vidéo générale utilise un algorithme de compression intra-image pour stocker la vidéo numérique dans des fichiers AVI, et certaines cartes de capture vidéo haut de gamme peuvent également compresser directement les données vidéo numériques collectées dans des fichiers au format MPEG-1 en temps réel.

Comme l'entrée vidéo analogique fournit une source d'information ininterrompue et que la carte de capture vidéo doit capturer chaque image de la séquence vidéo analogique et transmettre ces données au système informatique avant de capturer l'image suivante, la clé pour obtenir une capture en temps réel est le temps de traitement nécessaire pour chaque image. Si le temps de traitement de chaque image vidéo dépasse l'intervalle entre deux images adjacentes, il y aura une perte de données, c'est-à-dire le phénomène de perte d'images. Les cartes de capture sont utilisées pour compresser les séquences vidéo acquises avant de les stocker sur le disque dur. C'est-à-dire que l'acquisition et la compression de la séquence vidéo sont effectuées ensemble, de manière à éliminer à nouveau l'inconvénient du traitement de la compression.

2. Le principe de fonctionnement de la carte de capture vidéo

La structure de la carte de capture vidéo est illustrée dans la Figure 4-2. L'entrée vidéo multicanale fait entrer le signal par la vidéo reçue. À travers le convertisseur A/D (analogique/numérique), le signal analogique de la source du signal vidéo est converti en signal numérique, puis le contrôleur de capture vidéo le coupe, modifie son rapport, et le compresse pour stocker dans la mémoire d'images. Lors de la sortie vidéo analogique, le contenu de la mémoire d'images est converti de signal numérique en signal analogique par le convertisseur D/A(numérique/analogique)et est transmis au téléviseur ou au magnétoscope.

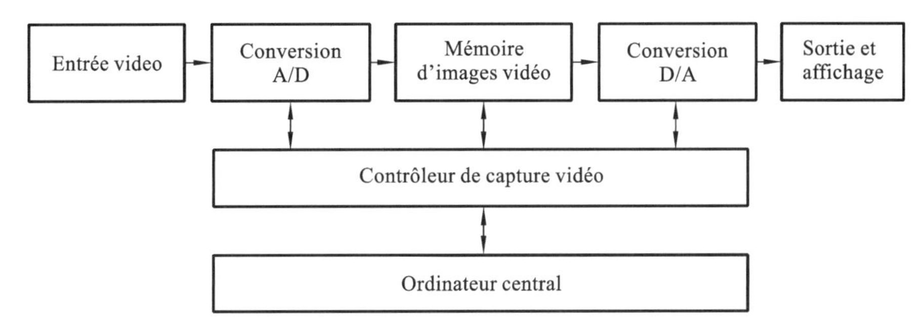

Figure 4-2　Structure de la carte de capture vidéo

3. La sortie de la vidéo numérique

La sortie de la vidéo numérique est l'inverse du processus de capture vidéo numérique, c'est-à-dire que la prothèse vidéo numérique est transformée en signal vidéo analogique qui est envoyé à la télévision pour être affiché, ou au magnétoscope pour être enregistré sur bande. Comme pour la capture vidéo, cela nécessite l'utilisation d'un équipement spécialisé pour décompresser la vidéo numérique et une conversion D/A pour compléter la conversion des données numériques en signaux analogiques. En fonction des différentes applications et des besoins, ce dispositif de conversion est également divisé en plusieurs types. Réglez la capture et la sortie vidéo analogique dans une des cartes de capture vidéo de haute qualité insérées dans le logement d'extension du PC. Il peut être connecté à un magnétoscope plus professionnel pour fournir une acquisition et une sortie de signal vidéo analogique de haute qualité. Cet équipement peut être utilisé pour la capture, le montage et la sortie de vidéos de qualité professionnelle.

En outre, il existe un appareil appelé « codeur TV » (TV Coder), dont la fonction est de convertir tout le contenu affiché sur un écran d'ordinateur en un signal vidéo analogique et de le transmettre à un téléviseur ou à un magnétoscope. Cet appareil a des fonctionnalités plus limitées et convient aux applications multimédias courantes.

Ⅳ. Formats de fichiers vidéo numériques

1. Formats courants de fichiers vidéo

(1) Le format AVI

AVI(Audio Video Interleaved) est un format de fichier vidéo numérique dans lequel l'audio et la vidéo sont enregistrés en parallèle, et les données cinématographiques et sonores qui les accompagnent sont stockées en alternance. Cette organisation entrelacée d'images audio visuelles est similaire à celle d'un film classique, dans lequel les images contenant des informations sur l'image sont affichées séquentiellement, tandis que la bande son qui les accompagne est jouée simultanément.

La structure de fichiers AVI ne résout pas seulement le problème de la synchronisation de l'audio et de la vidéo, mais elle est également polyvalente et ouverte. Il peut fonctionner dans n'importe quel environnement Windows et a également la capacité d'étendre l'environnement. Les utilisateurs peuvent développer leur propre fichier vidéo AVI et l'appeler à tout moment dans l'environnement Windows.

AVI utilise généralement une compression avec perte dans le frame. Il peut être réédité et traité à l'aide des logiciels de montage vidéo courants (tels que Adobe Premiere). L'avantage de ce format de fichier est qu'il offre la meilleure qualité d'image et peut être utilisé sur toutes les plateformes; l'inconvénient est que la taille du fichier est grande.

(2) Le format MPEG

Le suffixe de format spécifique du format MPEG(Moving Picture Expert Group)/MPG/DAT. peut être mpeg, mpg ou dat. Les VCD, SVCD et DVD utilisés à domicile sont tous les fichiers de format MPEG.

L'algorithme MPEG est utilisé pour compresser des images vidéo en mouvement pour produire des fichiers MPG standard de vidéo en mouvement plein écran, qui peuvent lire des images vidéo en mouvement et des pistes de musique de fond de CD à 25 ips(ou 30 ips) à une résolution de 1024 × 786, et avec une taille de fichier de 1/6 de celle des fichiers AVI. En utilisant la technologie du taux de bits variable(Variable Bit Rate, VBR), la technologie de compression MPEG-2 permet de modifier le débit de transmission des données au bon moment en fonction de la complexité du film afin d'obtenir un meilleur effet de codage. Cette technologie est utilisée dans les DVD actuellement en circulation.

Le MPEG a un taux de compression moyen de 50 : 1 et peut atteindre jusqu'à 200 : 1. La grande efficacité de la compression en est la preuve. La qualité de l'image et du son est également très bonne. La norme MPEG comprend la vidéo MPEG, l'audio MPEG et le système MPEG(synchronisation vidéo et audio). Les fichiers audio MP3 sont une application typique de l'audio MPEG, tandis que les VCD, SVCD et DVD sont de nouveaux produits électroniques grand public produits en utilisant pleinement la technologie MPEG.

(3) Le format MOV

MOV(Movie digital Video technology) est un format de fichier vidéo développé par Apple Inc. aux États-Unis. Le lecteur par défaut est QuickTime Player, qui a un taux de compression plus élevé et une meilleure clarté vidéo, et peut être utilisé sur toutes les plateformes.

2. Formats de fichiers vidéo en réseau (également appelé « format de streaming / stream format »)

(1) Le format RM

RM est un format de fichier média en streaming développé par l'entreprise Real Networks, et il est actuellement le format de fichier vidéo réseau dominant. La spécification de compression audio et vidéo développée par Real Networks est appelée « Real Media » ,et le lecteur correspondant est Real Player.

(2) Le format ASF

Le format ASF (Advanced Streaming Format) est le format de pré -streaming de Microsoft,qui utilise l'algorithme de compression MPEG-4. Il s'agit d'un format de fichier vidéo qui peut être visualisé en temps réel sur Internet.

(3) Le format WMV

Le format WMV (Windows Media Video) est un format de fichier vidéo codé indépendamment de Microsoft, et il est l'un des formats de vidéo en continu les plus utilisés aujourd'hui.

Section 2 Montage de base des matériaux de production vidéo

Corel VideoStudio est un puissant logiciel de montage vidéo produit par Corel Canada, avec des fonctions de capture et de montage vidéo,la prise en charge de MV,DV et d'autres appareils pour obtenir le fichier vidéo. Il offre de nombreuses fonctions et effets de montage et peut exporter une variété de formats vidéo courants. Double-cliquez sur l'icône de 【Corel VideoStudio】 pour ouvrir l'interface de montage vidéo,dont les partitions fonctionnelles sont indiquées sur la Figure 4-3.

Figure 4-3 Zones de fonctions de l'interface Corel VideoStudio

Ⅰ. Accès aux matériaux

La façon d'obtenir des matériaux à partir du logiciel Corel VideoStudio est de les capturer à partir d'appareils vidéo, de les importer à partir de DVD/VCD et de les importer à partir des appareils mobiles. Bien entendu, on peut également importer des matériaux existants directement depuis votre disque dur.

1. La capture des matériaux

Pour capturer ou importer des matériaux provenant d'un appareil externe, procédez comme suit:

Dans l'interface du logiciel, cliquez sur l'onglet 【Capturer】, dans la partie droite du panneau des propriétés, en fonction de la source des matériaux, sélectionnez la méthode d'importation, comme indiqué sur la Figure 4-4, par exemple, 【Capturer la vidéo】 peut enregistrer directement des clips vidéo à partir de la caméra de l'ordinateur, d'autres options nécessitent de connecter le dispositif externe correspondant et l'ordinateur, afin d'effectuer la capture des matériaux.

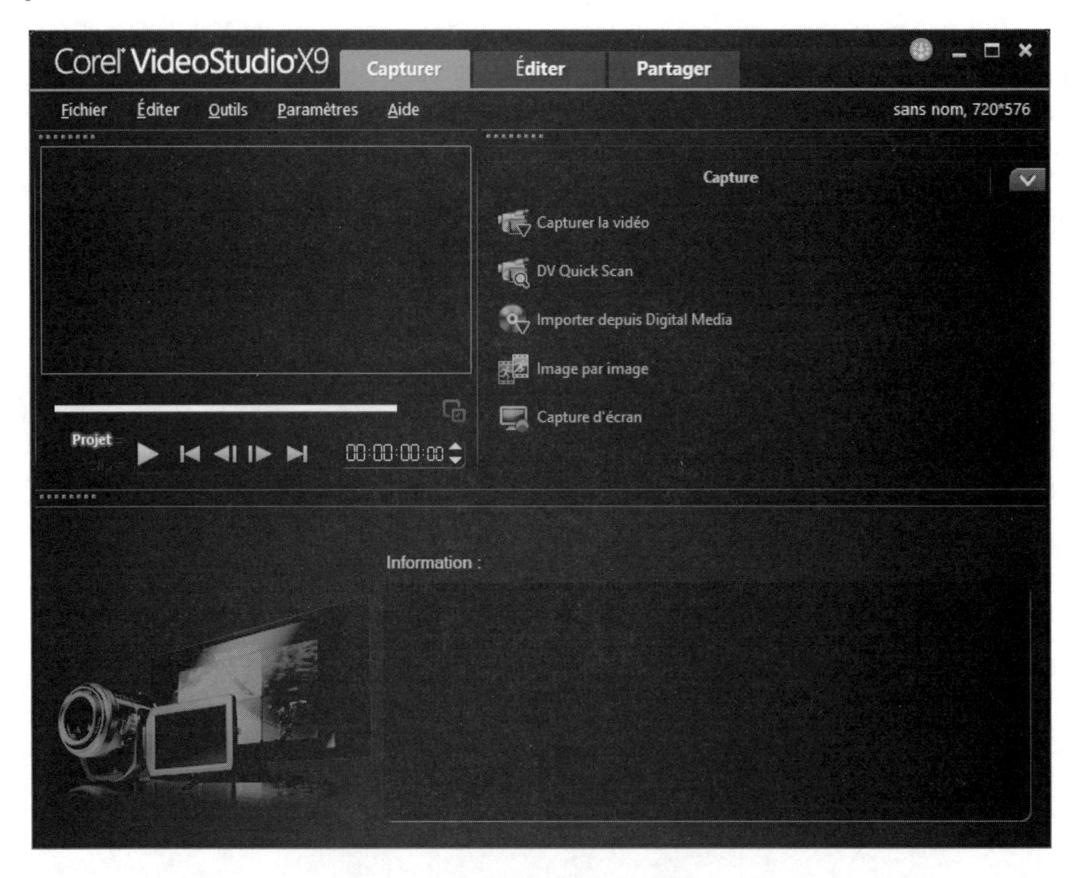

Figure 4-4 Fenêtre de capture

2. L'importation des matériaux

Importez les matériaux existants à partir du disque dur en suivant les étapes suivantes:

Étape 1. Dans l'interface du logiciel, sélectionnez l'onglet 【Éditer】 pour ouvrir l'interface à onglets comme indiqué dans la Figure 4-5.

Figure 4-5　Interface de l'onglet vidéo

Étape 2. Parmi la colonne de boutons dans le côté gauche de bibliothèque, cliquez sur le bouton【Média】, dans le menu déroulant illustré à la Figure 4-6, sélectionnez le type de matériel que vous souhaitez importer-vidéo ou image, par exemple, sélectionnez【Vidéo】, puis cliquez sur le bouton【Importer des fichiers multimédia】, ouvrez la fenêtre【Parcourir les fichiers multimédia】, trouvez dans la fenêtre le fichier vidéo qu'il faut importer. Si vous devez en sélectionner plusieurs, maintenez la touche【Ctrl】enfoncée, puis cliquez sur le fichier, vous pouvez ainsi importer le fichier sélectionné, jusqu'à ce que tous les fichiers requis soient sélectionnés, comme indiqué dans la Figure 4-7. Ensuite, cliquez sur le bouton【Ouvrir】, vous pouvez importer les clips vidéo sélectionnés dans la bibliothèque.

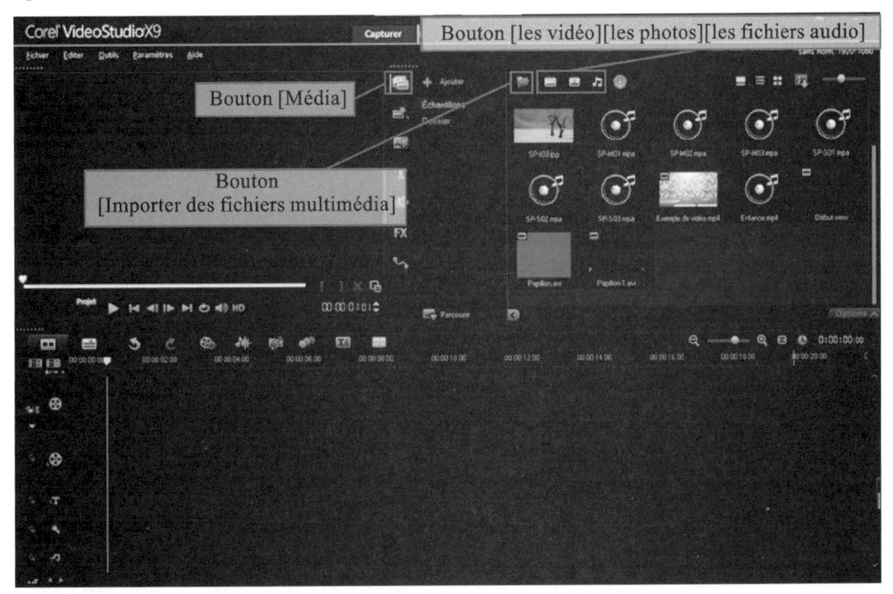

Figure 4-6　Bouton d'importation des matériaux

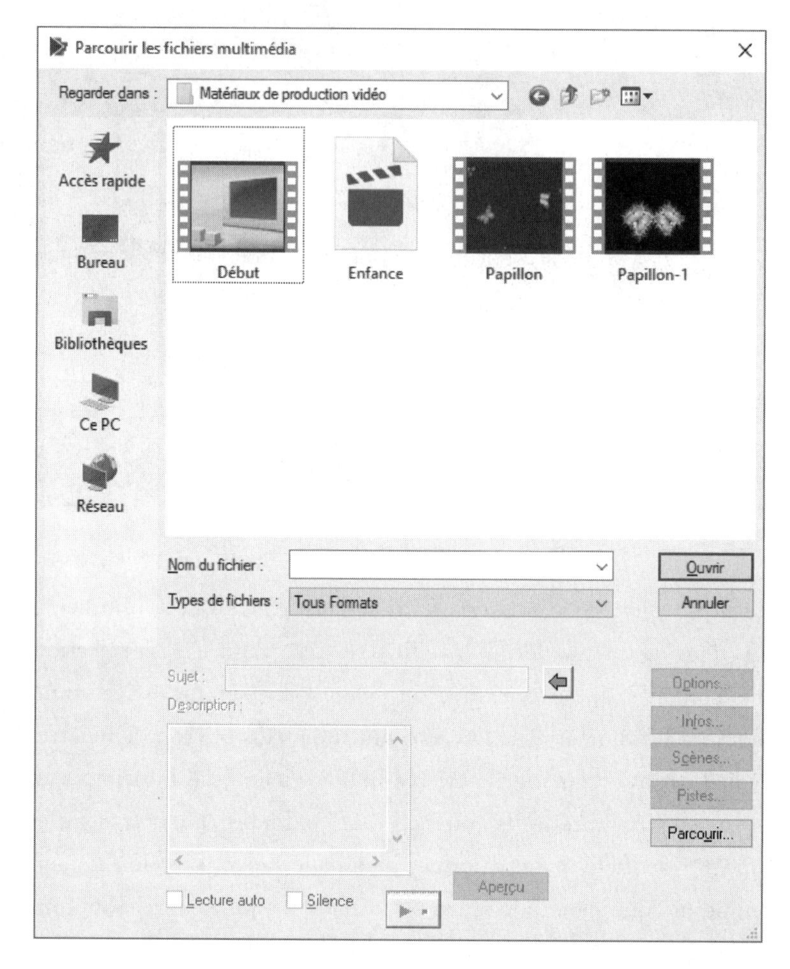

Figure 4-7 Fenêtre【Parcourir les fichiers multimédia】

Ⅱ. Montage des matériaux

Après avoir terminé l'importation de tous les matériaux nécessaires au montage vidéo, vous pouvez effectuer le montage de base des matériaux.

1. Le chargement des matériaux

Étape 1. Cliquez sur le bouton【Vue Plan de montage】en haut à gauche de la zone d'édition pour entrer dans le mode de vue chronologique, comme indiqué sur la Figure 4-8, le panneau de vue chronologique par défaut de haut en bas comprend【Piste vidéo】,【Piste incrustation】,【Piste titre】,【Piste voix】,【Piste musique】.

Étape 2. Faites glisser le contenu principal à montrer vers la zone de montage, faites glisser la vidéo, les photos à leur tour vers la【Piste vidéo】, la voix vers la【Piste sonore】, la musique vers la【Piste musicale】, comme indiqué dans la Figure 4-9.

Figure 4-8　Bouton【Vue Plan de montage】

Figure 4-9　Insérer des matériaux

2. Le montage vidéo

(1) Le decoupage de base de vidéo

Étape 1. Sélectionnez le fichier vidéo à éditer, et le fichier sélectionné sera encadré d'un rectangle jaune, comme le montre la Figure 4-10.

Figure 4-10　Sélectionner le fichier vidéo

Étape 2. Cliquez sur le bouton 【Options】 dans le coin inférieur droit de la 【Bibliothèque】, comme indiqué sur la Figure 4-11. Ouvrez le panneau 【Vidéo】 pour réduire la durée de la vidéo dans la zone de saisie 【Intervalle vidéo】, comme indiqué sur la Figure 4-12. Cette opération équivaut à conserver le début de la vidéo jusqu'au contenu du point temporel défini, le contenu suivant étant supprimé.

Figure 4-11 Bouton 【Options】

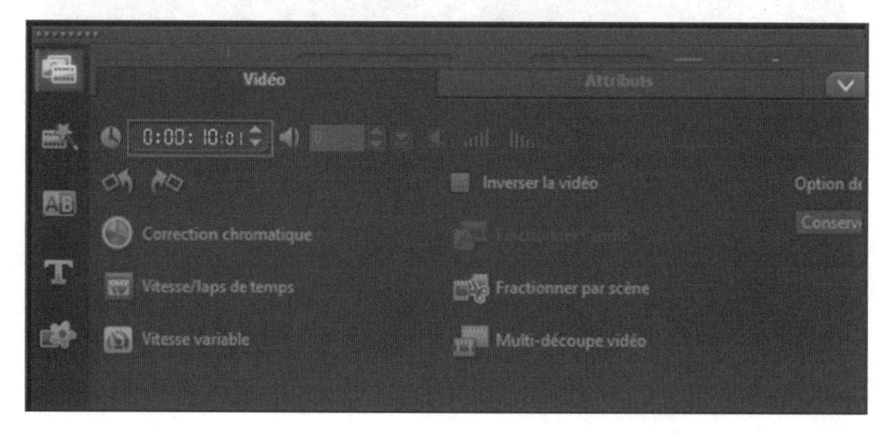

Figure 4-12 Panneau 【Vidéo】

Étape 3. Dans la fenêtre d'aperçu, cliquez sur le bouton 【Jouer】, comme indiqué sur la Figure 4-13, prévisualisez le fichier vidéo, ainsi le pointeur blanc dans la zone d'édition va reculer, comme indiqué sur la Figure 4-14. Jouez là où vous devez éditer, cliquez sur le bouton 【Pause】, le pointeur de temps restera à la position actuelle. Cliquez sur le bouton 【[】 dans la fenêtre d'aperçu, vous pouvez supprimer la partie à gauche du pointeur temporel de la vidéo; cliquez sur le bouton 【]】 dans la fenêtre d'aperçu, vous pouvez supprimer la partie à droite du pointeur temporel; cliquez sur le petit bouton des ciseaux à droite de 【]】, vous pouvez « couper » le fichier vidéo à partir du pointeur temporel pour diviser le fichier vidéo en deux vidéos.

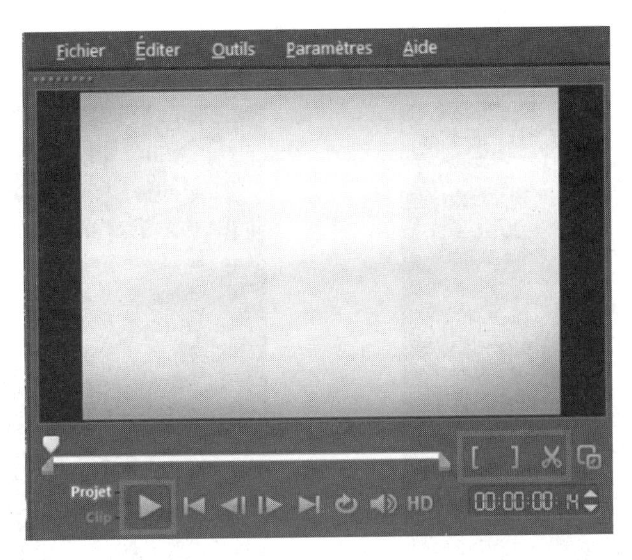

Figure 4-13 Bouton【Jouer】et boutons de montage dans la fenêtre aperçu

Figure 4-14 Pointeur temporel dans la zone d'édition

Remarque

Les étapes 2 et 3 dans « Le montage vidéo » sont deux méthodes de montage vidéo. Vous pouvez choisir l'une ou l'autre, ou les deux peuvent être utilisées de manière interchangeable.

(2) La séparation du son et de l'image de vidéo

Qu'il s'agisse d'un clip vidéo capturé ou d'un clip vidéo importé, son image et son son sont synthétisés ensemble. Lorsque nous devons modifier uniquement le son ou l'image dans la vidéo, nous devons d'abord séparer le son et l'image de la vidéo, c'est-à-dire la séparation du son et de l'image de la vidéo. Les étapes spécifiques sont les suivantes.

Faites glisser le clip vidéo sur la piste【Vidéo】, cliquez avec le bouton droit de la souris sur le clip vidéo, sélectionnez l'option【Fractionner l'audio】, comme montre la Figure 4-15. L'écran est alors toujours sur la【Piste vidéo】, mais pas de son, le coin inférieur droit de l'icône sonore affichera « silencieux » , puis il y aura un fichier audio sur la【Piste sonore】, comme indiqué dans la Figure 4-16. À ce moment, vous pouvez faire un ajustement séparé du son ou de l'écran, mais une attention particulière doit être accordée pour s'assurer la synchronisation du son et de l'image de la vidéo.

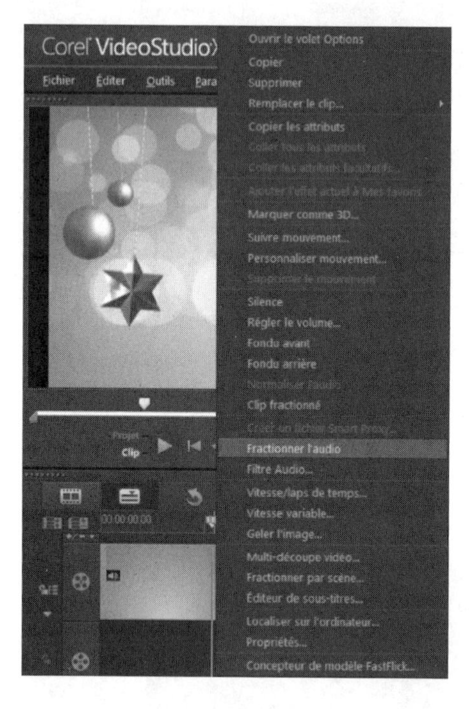

Figure 4-15 Option 【Fractionner l'audio】

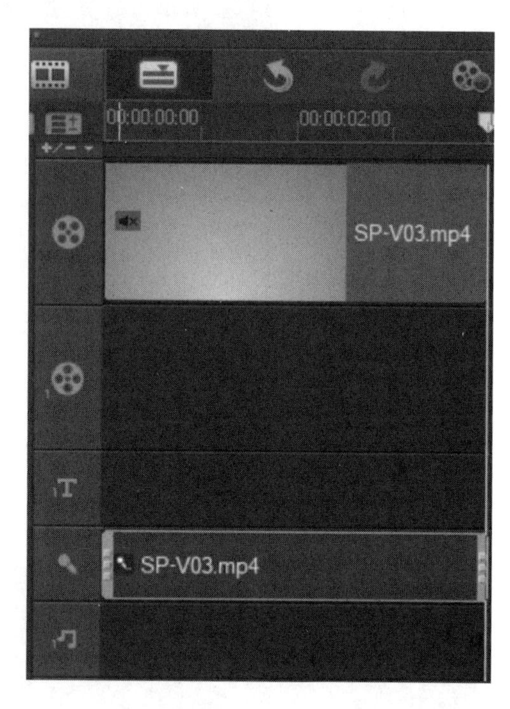

Figure 4-16 Clip de piste sonore supplémentaire

(3) L'édition des photos

Étape 1. Sélectionnez le fichier photo à éditer. Le fichier sélectionné sera également encadré par un rectangle jaune, et le pointeur temporel se déplacera automatiquement à l'heure de début du fichier, comme le montre la Figure 4-17.

Figure 4-17 Sélectionner le fichier photo

Étape 2. Cliquez sur le bouton 【Options】 au coin inférieur droit de la 【Bibliothèque】, ouvrez le panneau 【Photo】. Ajustez la durée d'attente de la photo dans la zone de saisie 【Intervalle photo】, comme indiqué sur la Figure 4-18. La durée par défaut est de 3 secondes, vous pouvez l'allonger ou la diminuer.

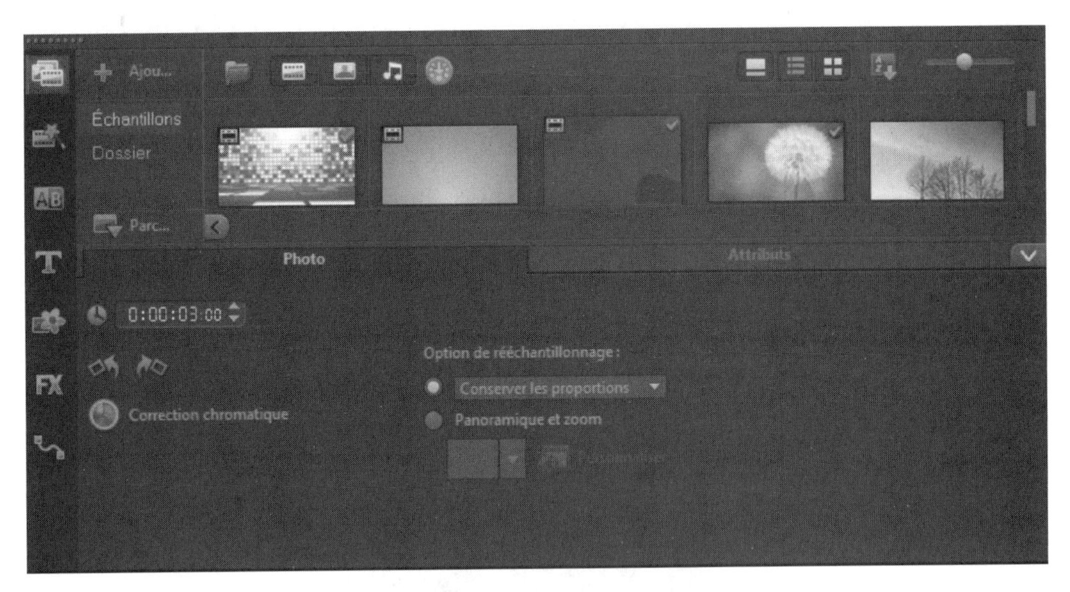

Figure 4-18 Panneau【Photo】

Remarque

1. Le « pointeur temporel » est également connu sous le nom de « barre de navette ».

2. Le montage audio est effectué de la même manière que le montage vidéo.

3. Les clips de la【Piste Vidéo】doivent commencer au moment 0, sans intervalle de temps entre les clips. Lorsqu'un clip ou le début d'un fichier vidéo est supprimé, le contenu du côté droit du clip est automatiquement déplacé vers l'avant et lié au clip du côté gauche du contenu supprimé, de sorte qu'il n'y a pas de « trou ».

4. Les pistes autres que la【Piste Vidéo】, telles que la【Piste musicale】, permettent aux clips de démarrer à tout moment. Ainsi, lors des opérations de montage, si le contenu du clip de gauche est supprimé, le contenu de droite n'est pas automatiquement déplacé vers l'avant, de sorte que vous devez ajuster le point de départ du clip par vous-même si nécessaire.

5. Lorsque vous montez les matériaux, faites attention à la longueur totale de chaque piste, la longueur du clip audio et musical ne doit généralement pas dépasser la longueur du clip de la piste vidéo et de la piste titre, pour éviter le « phénomène de l'écran noir » qui consiste à avoir du son mais pas d'image.

Ⅲ. Ajout des transitions

Quand nous disposons les matériaux directement sur la piste vidéo, après la prévisualisation, nous constaterons que leur articulation directe est très rigide. Afin de faciliter cette transition rigide, nous pouvons ajouter directement des transitions dans les deux clips. Les étapes spécifiques pour ajouter des transitions sont les suivantes.

Étape 1. Cliquez sur le bouton【Transition】dans la colonne de gauche de la bibliothèque, puis sélectionnez【Tous】ou une série d'effets de transition souhaitée dans le menu déroulant comme indiqué dans la Figure 4-19.

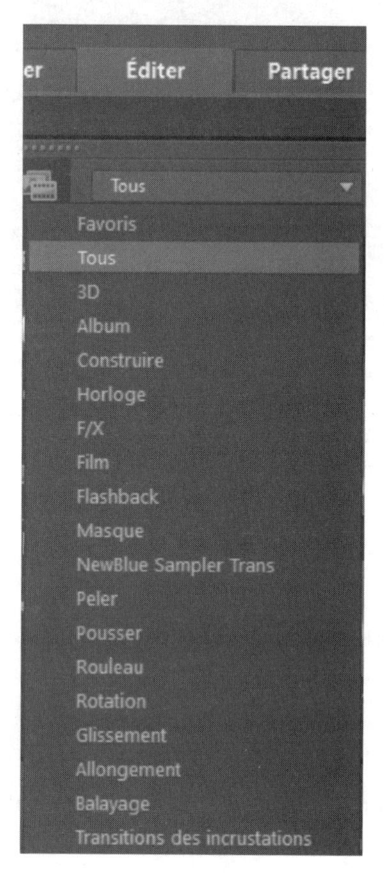

Figure 4-19　Liste des effets de transition

Étape 2. Cliquez sur un effet dans le panneau de la bibliothèque des matériaux, vous pouvez le prévisualiser. Après avoir sélectionné l'effet dont vous avez besoin, Faites-le glisser entre les deux clips, comme le montre la Figure 4-20. Le pointeur temporel reste automatiquement à l'heure de début de l'effet de transition, et l'effet de transition est l'état sélectionné.

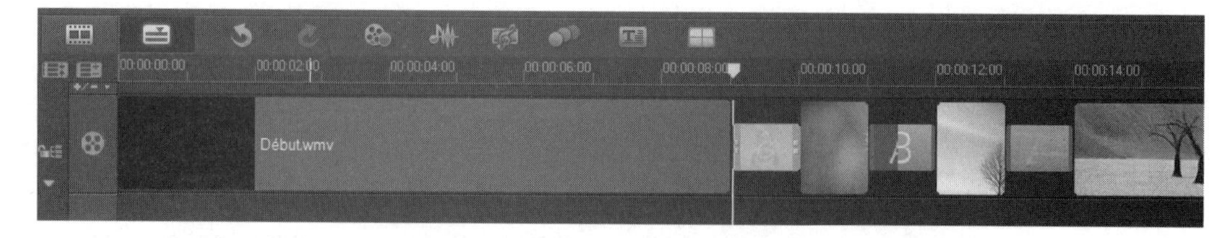

Figure 4-20　Ajouter un effet de transition

Étape 3. Cliquez sur le bouton【Options】en bas à droite de la【Bibliothèque】. Ouvrez le panneau【Transition】, les paramètres du panneau des options des différents effets varient l'un de l'autre, comme le montre la Figure 4-21 et la Figure 4-22, mais il est toujours possible d'ajuster la durée de transition dans la zone de saisie 【Intervalle】, d'autres paramètres peuvent être ajustés à l'essai pour observer son effet.

Figure 4-21 Panneau【Fondu enchaîné-F/X】

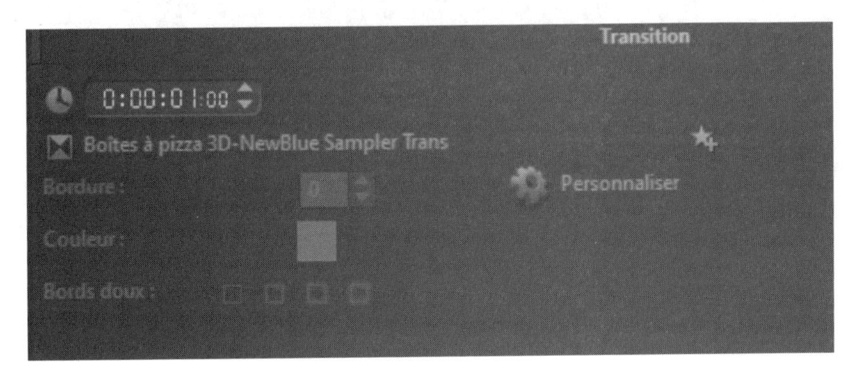

Figure 4-22 Panneau【Boîte à pizza 3D-NewBlue Sampler Trans】

Section 3 Traitement des effets vidéo

Les effets vidéo ne sont pas un élément nécessaire de l'œuvre vidéo, mais l'utilisation correcte des effets spéciaux peut jouer le rôle de la touche finale, rendant l'œuvre plus belle et plus expressive.

Ⅰ. Ajout des filtres

L'effet de filtrer consiste principalement à ajouter quelques modifications ou décorations sur la vidéo ou la photo pour rendre l'image plus riche. La méthode spécifique d'ajouter des filtres est la suivante.

Étape 1. Dans la colonne de gauche de la bibliothèque, cliquez sur le bouton【Filtrer】et sélectionnez【Tous】ou un filtre souhaité dans le menu déroulant, comme indiqué sur la Figure 4-23.

Étape 2. Cliquez sur un filtre dans le panneau de la bibliothèque, vous pouvez prévisualiser. Sélectionnez le filtre dont vous avez besoin, faites-le glisser vers le clip vidéo ou photo, comme indiqué dans la Figure 4-24, le pointeur temporel reste automatiquement au point de départ du clip, et un petit marqueur carré noir apparaît sur la vignette du clip, ainsi le matériau est à l'état sélectionné.

Figure 4-23　Liste des effets de filtre

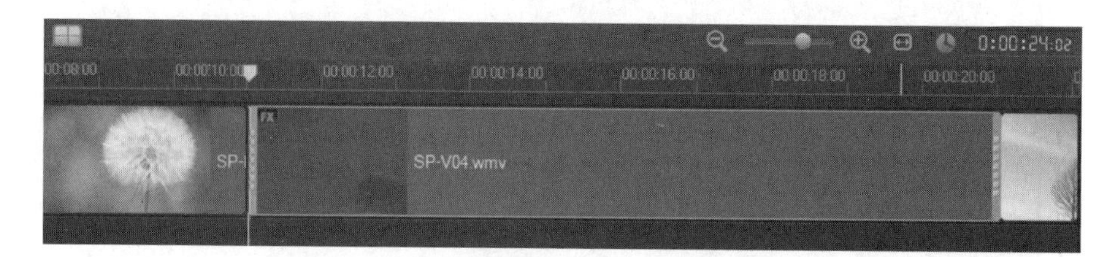

Figure 4-24　Ajouter un filtre

Étape 3. Cliquez sur le bouton【Options】au coin inférieur droit de la【Bibliothèque】, ouvrez l'onglet【Attributs】du panneau【Options】, comme indiqué sur la Figure 4-25. Au côté gauche sont listés tous les filtres actuellement ajoutés dans le clip sélectionné. Si vous avez besoin d'ajouter plus d'un filtre, vous devez cliquer dans la case à cocher en face de【Remplacer le dernier filtre】pour supprimer la coche, comme indiqué sur la Figure 4-26.

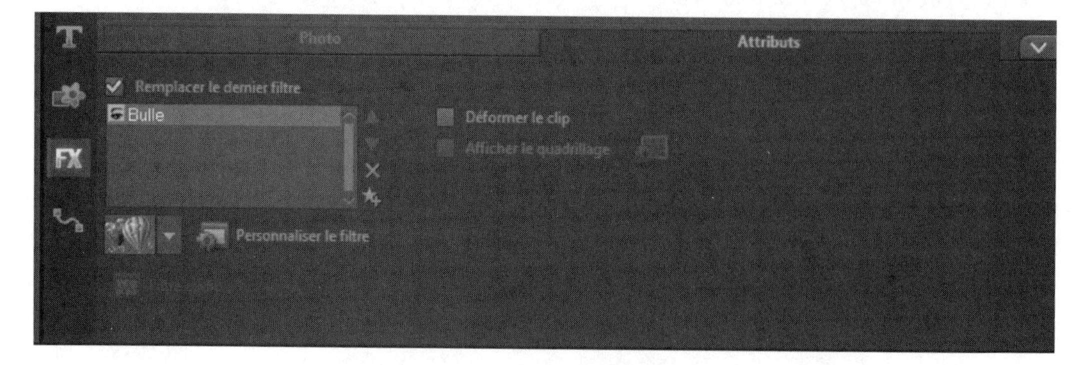

Figure 4-25　Onglet【Attributs】

Étape 4. Dans la liste des filtres ajoutés, sélectionnez n'importe quel filtre, cliquez sur la flèche de la liste déroulante ci-dessous pour ouvrir la liste des effets prédéfinis du filtre, comme indiqué sur la Figure 4-27. Ou cliquez sur le lien【Personnaliser le filtre】pour ouvrir la fenêtre de paramétrage des filtres, puis définissez les paramètres du filtre, comme indiqué

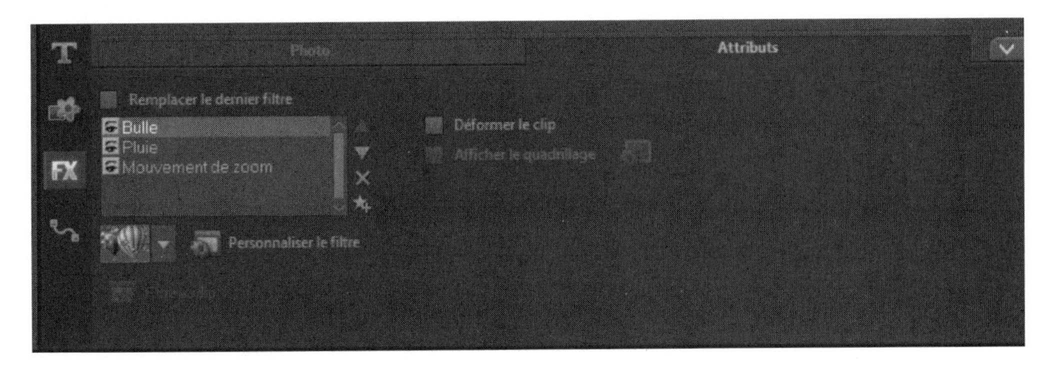

Figure 4-26 Ajouter plusieurs filtres

sur la Figure 4-28. Puisque les différents filtres ont de différents paramètres, leurs interfaces de configuration sont également différentes.

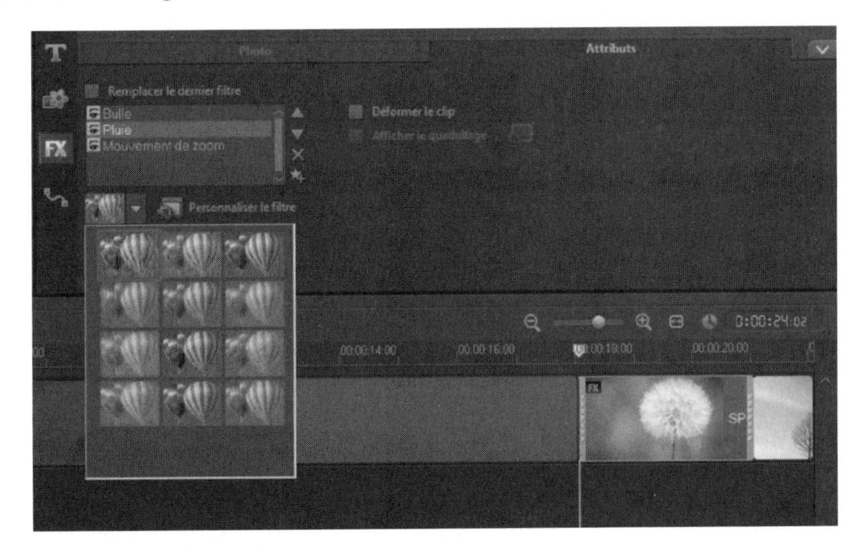

Figure 4-27 Liste des effets de filtre prédéfinis

Figure 4-28 Fenêtre de paramètres du filtre【Pluie】

Ⅱ. Effet d'image dans l'image

L'effet d'image dans l'image est une méthode d'affichage vidéo courante, qui est utilisée dans de nombreuses œuvres vidéo. L'effet « image dans l'image » est bien pris en charge par le logiciel Corel VideoStudio. La méthode de configuration est comme suit:

Étape 1. Cliquez sur le bouton 【Jouer】 dans la 【Zone de prévisualisation】 pour prévisualiser la vidéo, et cliquez sur le bouton 【Pause】 au moment où vous devez ajouter une image dans l'image, afin que le pointeur temporel reste au début de l'image dans l'image.

Étape 2. Faites glisser le clip sous-écran à la position du pointeur temporel de la 【Piste incrustation】, comme indiqué sur la Figure 4-29. Huit points de contrôle jaunes et quatre points de contrôle verts apparaîtront sur le sous-écran dans la fenêtre d'aperçu, les points de contrôle jaunes servant à redimensionner l'écran et les points de contrôle verts servant à modifier la forme de l'écran.

Figure 4-29　Ajouter l'image dans l'image

Étape 3. Faites glisser le point de contrôle jaune dans la fenêtre d'aperçu pour ajuster la taille du sous-écran, faites glisser le point de contrôle vert pour ajuster la forme du sous-écran, et faites glisser l'écran pour ajuster la position du sous-écran, comme indiqué dans la Figure 4-30.

Figure 4-30 Ajuster le sous-écran

Étape 4. Le clip du sous-écran peut également être ajouté à l'effet de filtre. Cliquez sur le bouton【Options】dans le coin inférieur droit de la【Bibliothèque】, dans la zone des paramètres de filtre du panneau【Propriétés】, vous pouvez ajuster le nombre de filtres. Cliquez sur l'icône【Personnaliser les attributs du filtre vidéo】pour ajuster les paramètres de filtre, comme indiqué sur la Figure 4-31.

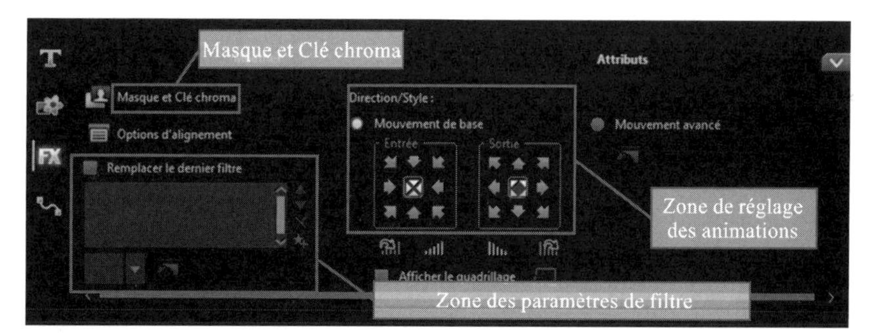

Figure 4-31 Onglet【Attributs】du panneau d'options pour la piste incrustation

Étape 5. Dans la zone de réglage des animations, comme indiqué sur la Figure 4-31, vous pouvez régler les animations d'entrée et de sortie et les animations en fondu enchaîné des sous-écrans.

Étape 6. Cliquez sur le lien【Masque et Clé chroma】en haut à gauche du panneau【Attributs】pour ouvrir le panneau【Masque et clé chromatique】, dans lequel vous devez cocher la case【Appliquer options chevauchement】, sélectionner【Masquer la trame】dans la liste déroulante【Type】, et sélectionner une forme dans la liste de formes à droite, comme indiqué dans la Figure 4-32, et ainsi le sous-écran sera recadré à la forme sélectionnée, comme indiqué dans la Figure 4-33.

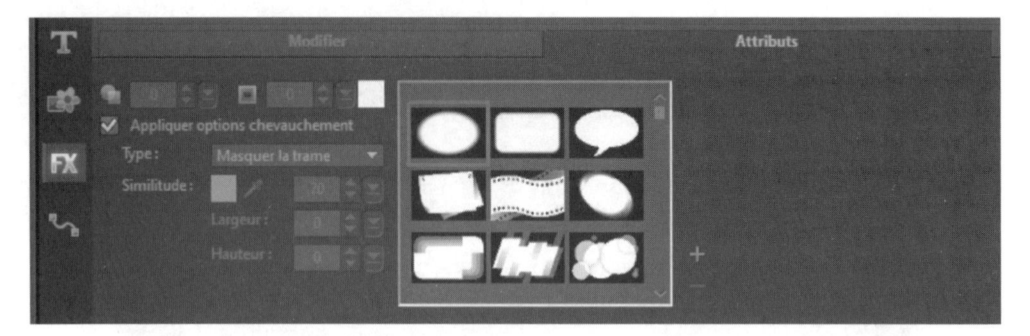

Figure 4-32　Panneau【Masque et Clé chroma】

Figure 4-33　Effet de masque ovale

Ⅲ. Traitement « écran bleu »

La technologie « écran bleu » ,également connue sous le nom de technologie à clé chromatique, est souvent utilisée dans le traitement des films et des émissions de télévision. Elle consiste à utiliser un arrière-plan d'une seule couleur devant l'objet filmé, lors du post-traitement de la vidéo, en fonction des informations sur les tons de couleur de l'arrière-plan pour distinguer l'avant-plan de l'arrière-plan, en conservant généralement l'avant-plan et l'arrière-plan sera remplacé par un autre écran, afin de composer un nouveau vidéo. Le logiciel Corel VideoStudio peut fournir un bon support pour l'effet d'écran bleu, les étapes sont les suivantes.

Étape 1. Cliquez sur le bouton【Jouer】dans la【Zone de prévisualisation】pour prévisualiser la vidéo. Cliquez sur le bouton【Pause】au moment où il faut insérer l'avant-plan à travers la technologie de l'écran bleu, de sorte que le pointeur temporel reste au moment de départ de l'écran bleu.

Étape 2. Faites glisser le matériau avec une seule couleur de fond jusqu'à la position du pointeur temporel de la【Piste incrustation】, comme indiqué sur la Figure 4-34. Faites glisser le point de contrôle jaune dans la fenêtre d'aperçu pour modifier la taille du matériau, puis faites glisser l'écran du matériel et ajustez l'emplacement du matériau, comme indiqué sur la Figure 4-35.

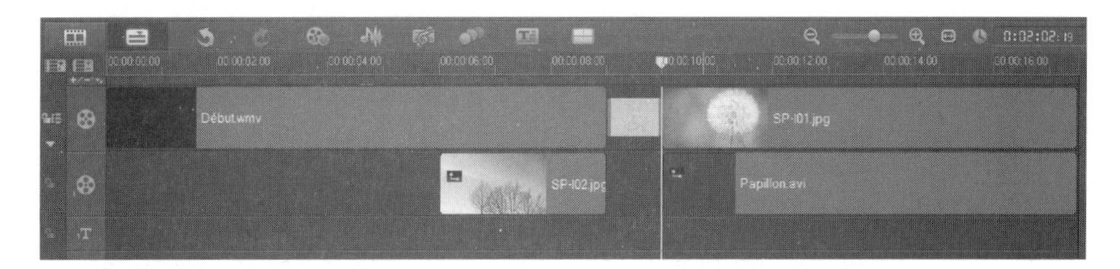

Figure 4-34 Insérer le matériau « écran bleu »

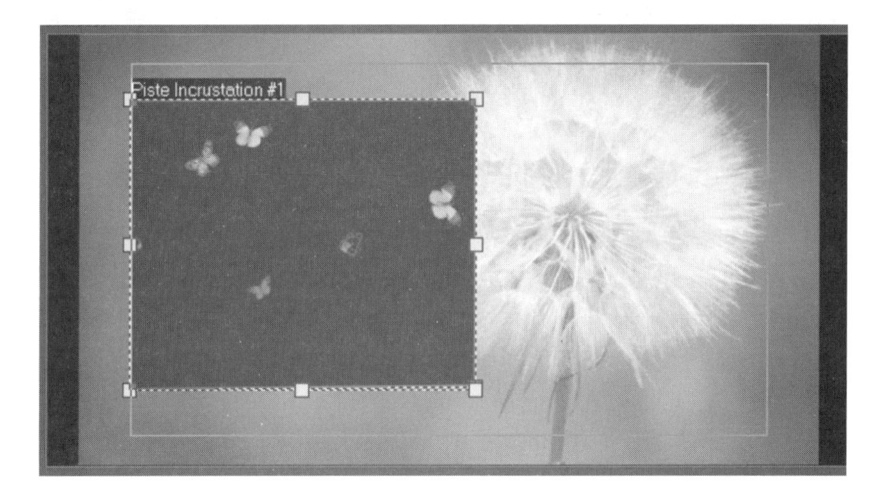

Figure 4-35 Écran de la Fenêtre d'aperçu

Étape 3. Cliquez sur le bouton 【Options】 dans le coin inférieur droit de la 【Bibliothèque】. Cliquez sur le lien 【Masque et clé chromatique】 dans le panneau 【Attributs】, comme indiqué dans la Figure 4-36. Ouvrez le panneau 【Masque et clé chromatique】, dans le panneau, cochez la case 【Appliquer options chevauchement】. Dans la liste déroulante 【Type】, sélectionnez 【Clé chromatique】, le logiciel sélectionnera automatiquement la couleur de masque de l'écran. Si la couleur n'est pas appropriée, cliquez sur l'icône 【Sélectionner une couleur de masque dans la Fenêtre d'aperçu】, comme indiqué dans la Figure 4-36. Utilisez ce pick-up de couleur dans l'écran de la fenêtre d'aperçu, cliquez pour sélectionner la couleur de masque appropriée. La fenêtre d'aperçue après l'achèvement de l'effet d'écran bleu défini est indiqué comme dans la Figure 4-37.

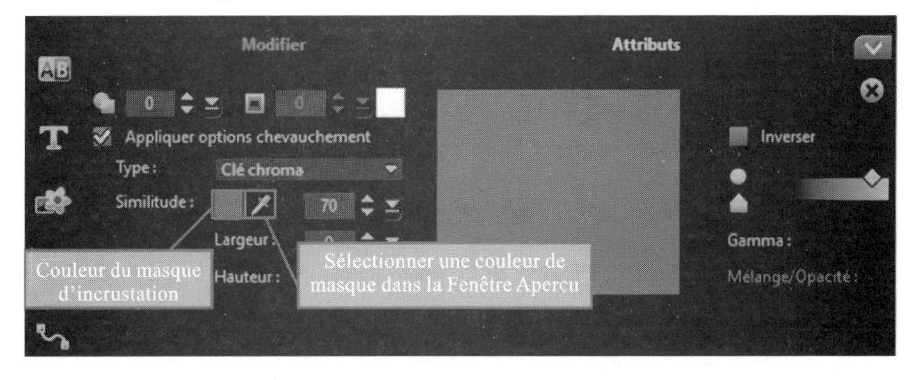

Figure 4-36 Configuration des paramètres de la clé chromatique

Figure 4-37 Ecran de la Fenêtre d'aperçu après avoir défini l'effet d'écran bleu

Remarque

1. Les étapes 3 à 6 pour régler les paramètres de l'effet d'image dans l'image sont facultatives, et peuvent être sélectionnées à volonté lors de la réalisation des paramètres.

2. Vous pouvez également ajouter des filtres et des effets d'animation à votre matériau lors du traitement « écran bleu ».

3. Lorsque vous avez besoin des effets de superpositions de l'effet d'image dans l'image et d'effet « écran bleu » en même temps, vous pouvez cliquer sur le bouton 【Gestionnaire de pistes】 au-dessus de l'icône de la piste vidéo dans la zone d'édition, comme indiqué sur la Figure 4-38, pour ouvrir la fenêtre 【Gestionnaire de pistes de superposition】, comme indiqué sur la Figure 4-39. Dans cette fenêtre, vous pouvez définir les pistes affichées dans la zone d'édition en cochant la case. Corel VideoStudio nous fournit 20 pistes incrustation, 2 pistes titre, 1 piste voix et 8 pistes musique au maximum.

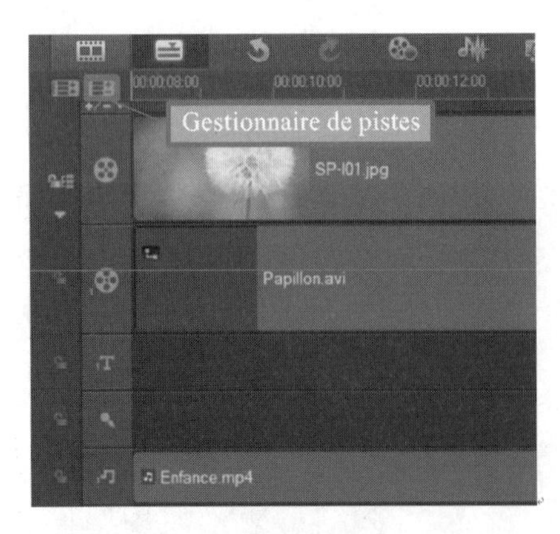

Figure 4-38 Bouton 【Gestionnaire de pistes】

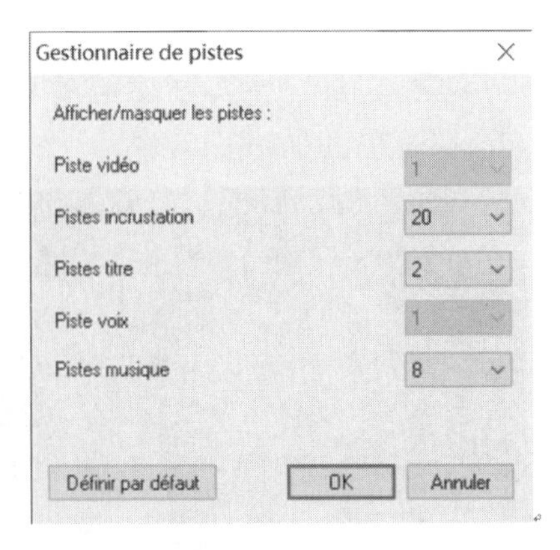

Figure 4-39 Fenêtre 【Gestionnaire de pistes】

Section 4 Ajout des sous-titres

Les sous-titres sont un élément fréquemment apparu dans de nombreuses productions vidéo, et leur ajout dans le logiciel Corel VideoStudio se fait sur sa piste titre, comme décrit ci-dessous.

Étape 1. Parmi les boutons à gauche de la Bibliothèque, cliquez sur le bouton 【Titre】, ou cliquez sur l'icône 【Piste titre】 dans la zone d'édition, pour faire apparaître le panneau Bibliothèque de titres. À ce moment, le conseil « Double-cliquez ici pour ajouter un titre » apparîtra dans la fenêtre d'aperçu, comme indiqué dans la Figure 4-40.

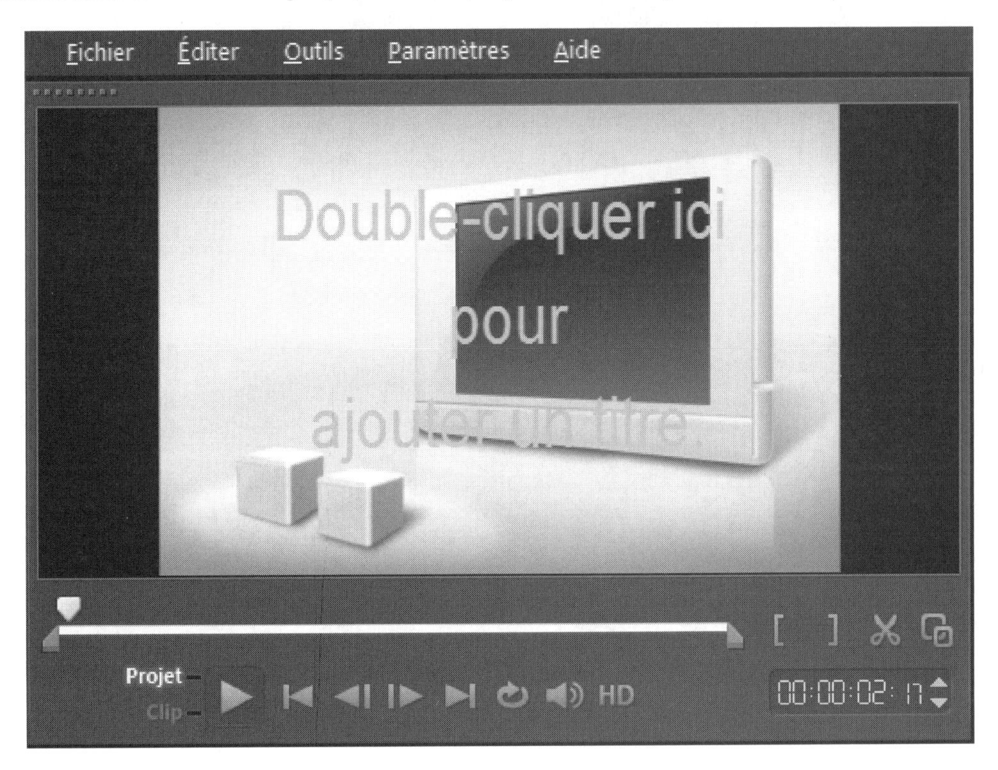

Figure 4-40 Conseil pour éditer le titre

Étape 2. Prévisualisez la vidéo, cliquez sur le bouton 【Pause】 au moment où vous devez ajouter du texte. La position où le pointeur temporel reste est l'emplacement du texte. Double-cliquez sur le texte dans la fenêtre d'aperçu pour modifier le texte, comme indiqué dans la Figure 4-41.

Étape 3. Lors de l'édition du texte, le panneau 【Options du titre】 du panneau de la bibliothèque s'ouvrira automatiquement, comme le montre la Figure 4-42. Dans ce panneau, vous pouvez définir la longueur d'affichage du texte, la police, la taille, la couleur, etc. Cliquez sur l'option 【Bordure/Ombre/Transparence】, vous pouvez ouvrir la boîte de dialogue 【Bordure/Ombre/Transparence】, comme le montre la Figure 4-43, dans laquelle vous pouvez définir les paramètres appropriés.

Figure 4-41　Exemple de l'édition du titre

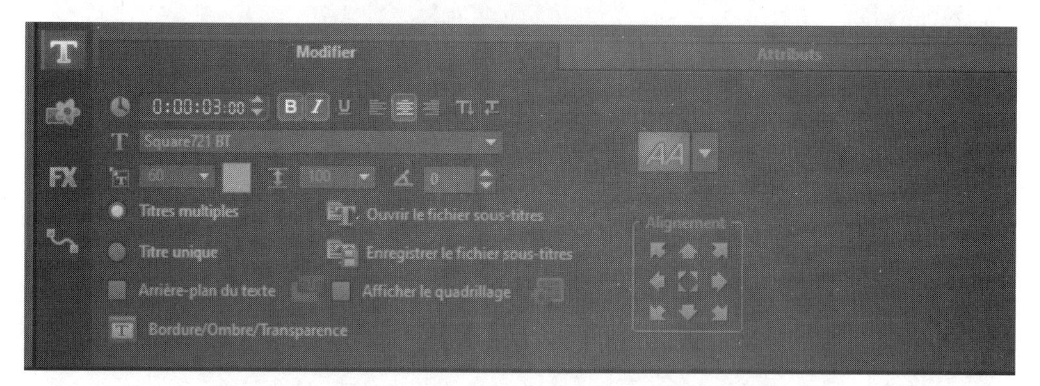

Figure 4-42　Panneau【Options du titre】

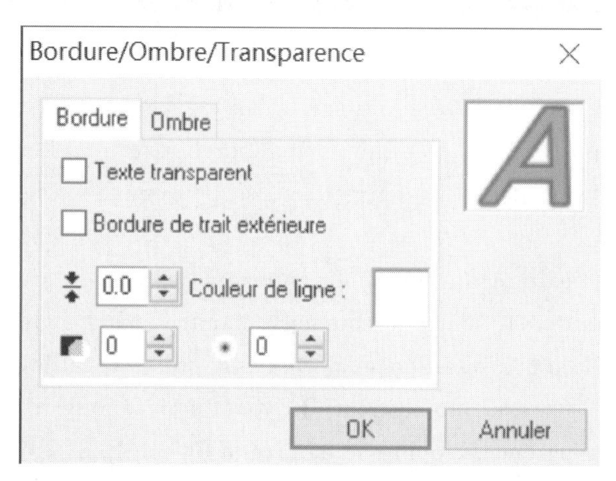

Figure 4-43　Boîte de dialogue【Bordure/Ombre/Transparence】

Étape 4. Cliquez sur l'onglet 【Attributs】 du panneau 【Options du titre】, vous pouvez ajouter des effets d'animation au texte, comme indiqué dans la Figure 4-44. Cochez la case devant 【Appliquer】, dans la liste déroulante de la Figure 4-45, sélectionnez le mode de mouvement, tel que le mode 【Voler】, puis dans la liste des effets prédéfinis ci-dessous, sélectionnez les effets d'animation souhaités, comme indiqué dans la Figure 4-45. Vous pouvez également cliquer sur le bouton 【Personnaliser les attributs d'animation】 à droite de la zone de liste déroulante, comme indiqué sur la Figure 4-46, afin de définir les paramètres de l'animation dans la boîte de dialogue qui s'affiche.

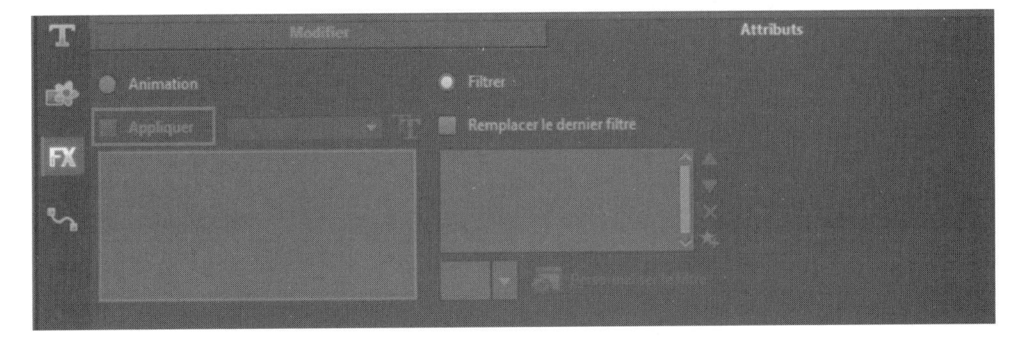

Figure 4-44　Panneauc 【Attributs】 du titre

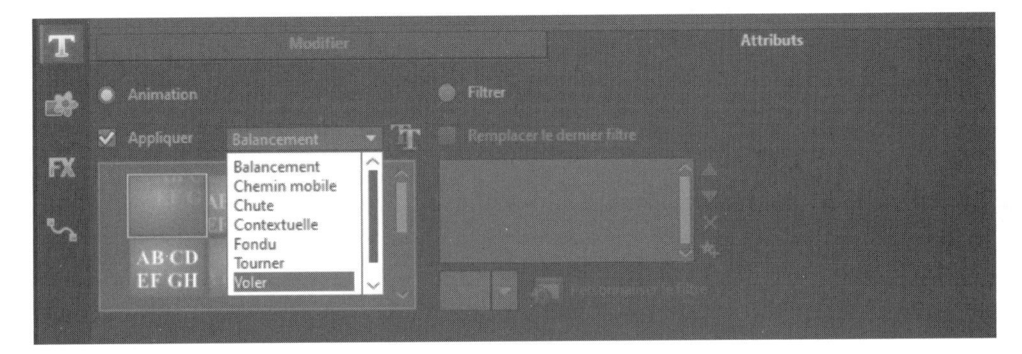

Figure 4-45　Liste des effets d'animation

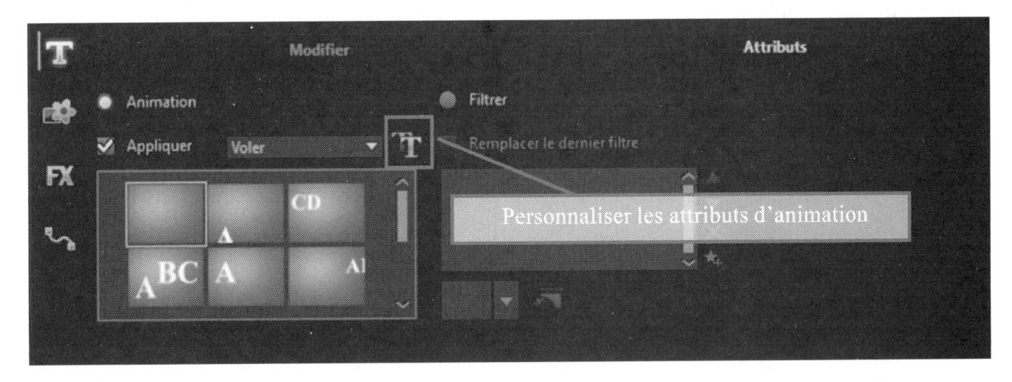

Figure 4-46　Configuration des effets d'animation

Remarque

1. Dans la bibliothèque d'effets titre, vous pouvez sélectionner l'effet de texte prédéfini, le faire glisser directement à la position appropriée de la【Piste titre】, puis double-cliquer sur l'échantillon de texte dans la fenêtre d'aperçu pour modifier le texte. Toutefois, les effets dans la bibliothèque d'effets de titre qui accompagne le logiciel sont tous pour les polices anglaises. Après avoir changé le texte en chinois, de nombreux effets de couleur, d'animation, etc. seront invalides.

2. Tous les textes qui doivent être ajoutés à une production vidéo, tels que les titres, les sous-titres, les listes de personnel, etc. doivent être ajoutés à la piste de titre.

3. Après avoir ajouté l'animation de texte, prévisualisez la vidéo pour vous assurer que le texte reste sur la scène suffisamment longtemps pour que le public puisse le voir clairement, sans jamais entrer dans une animation puis en sortir immédiatement après.

4. Le logiciel Corel VideoStudio est capable d'importer des fichiers de sous-titres. Dans le panneau【Éditer】, cliquez sur【Ouvrir le fichier sous-titres】pour ouvrir la fenêtre de sélection des fichiers et importer le fichier de sous-titres. Le format de fichier de caractères pris en charge est le format « . utf ». En général, les fichiers de sous-titres à ce format sont générés par le logiciel de création des sous-titres spéciaux, y compris les informations sur l'heure d'apparition et l'heure de disparition de chaque sous-titre.

Section 5 Enregistrement et exportation

Dans le processus de production d'œuvres vidéo, les fichiers du projet doivent être enregistrés à temps pour éviter la perte de fichiers. Une fois la production des œuvres vidéo terminée, la vidéo doit être exportée pour pouvoir être jouée avec un lecteur vidéo.

Ⅰ. Enregistrement de projet

Le fichier de projet de Corel VideoStudio contient des informations d'édition, telles que les pistes, les points d'édition, l'ordre des clips, les sous-titres, l'emplacement, l'heure et d'autres contenus. Le fichier de projet peut être édité, et peut être ouvert par le logiciel Corel VideoStudio pour éditer les œuvres vidéo. La méthode d'enregistrement du fichier de projet est la suivante.

Étape 1. Cliquez sur le menu【Fichier】, sélectionnez l'élément de menu【Enregistrer】ou【Enregistrer sous】, comme indiqué dans la Figure 4-47.

Étape 2. Dans la fenêtre pop-up, sélectionnez le chemin de stockage du fichier, définissez le nom du fichier, puis cliquez sur le bouton【Enregistrer】, comme indiqué sur la Figure 4-48.

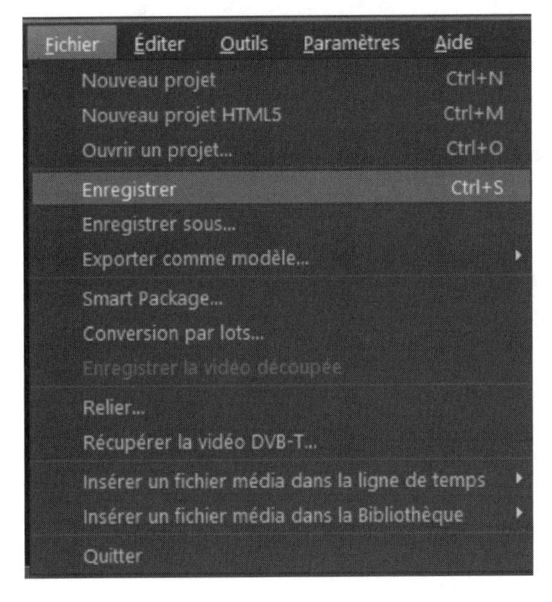

Figure 4-47 Option【Enregistrer】

Figure 4-48 Fenêtre【Enregistrer sous】

Ⅱ. Exportation de vidéo

L'opération d'exportation de vidéo est l'étape obligatoire pour convertir les fichiers Corel VideoStudio en œuvres vidéo. Les œuvres vidéo exportées peuvent être séparées de l'environnement du logiciel Corel VideoStudio et joués par n'importe quel lecteur vidéo. Les étapes spécifiques pour exporter la vidéo sont les suivantes.

Étape 1. Cliquez sur l'onglet【Partager】, dans la partie droite de la liste déroulante des modèles de fichier, sélectionnez le modèle de fichier vidéo prédéfini selon vos besoins, ou sélectionnez l'option【Personnalisé】pour configurer les paramètres du fichier vidéo.

Étape 2. Si vous utilisez le modèle de fichier vidéo prédéfini, ouvrez la fenêtre de création de fichier vidéo comme indiqué sur la Figure 4-49; si vous utilisez l'option【Personnaliser】, ouvrez la fenêtre de création de fichier vidéo comme indiqué sur la Figure 4-50. Cliquez sur le bouton【Options】, vous pouvez configurer la fréquence de trame, le taux d'aspect d'affichage, la compression et d'autres paramètres de vidéo dans l'onglet【Général】et【Compression】sur la fenêtre【Options】, comme le montre la Figure 4-51.

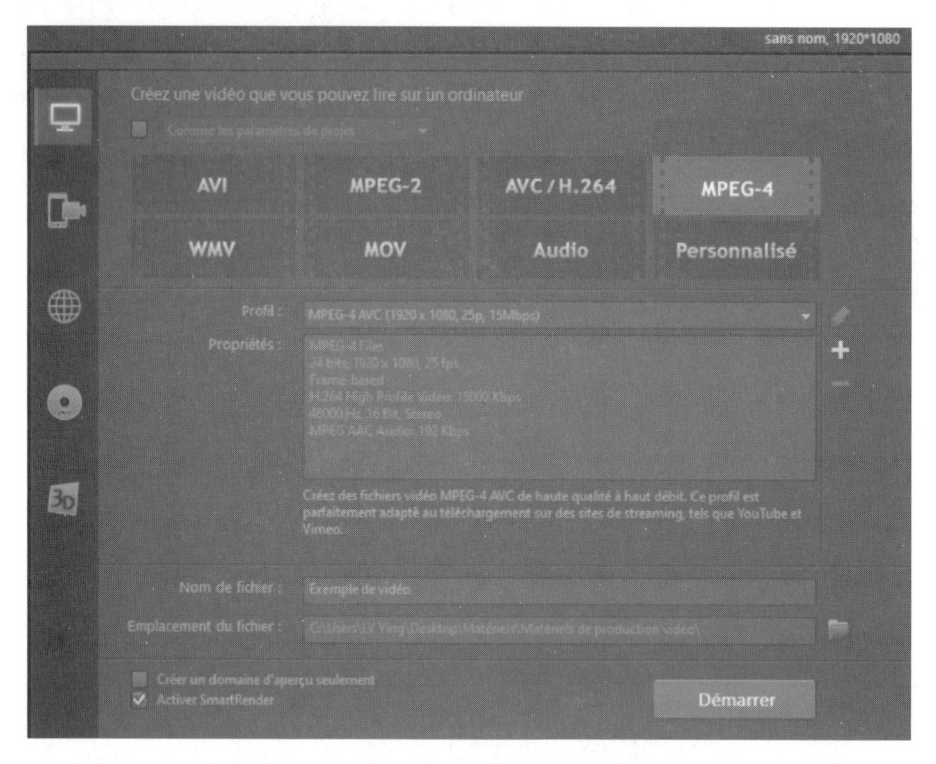

Figure 4-49　Fenêtre【Créer une vidéo】avec les paramètres de vidéo prédéfinis

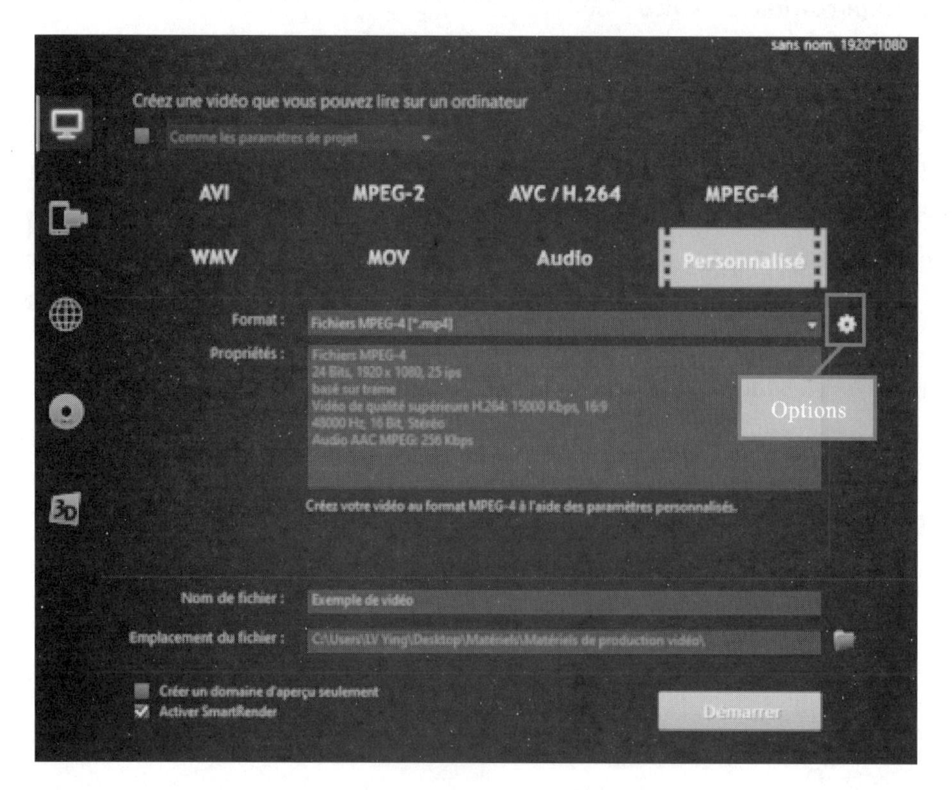

Figure 4-50　Fenêtre【Créer une vidéo】avec les paramètres de vidéo personnalisés

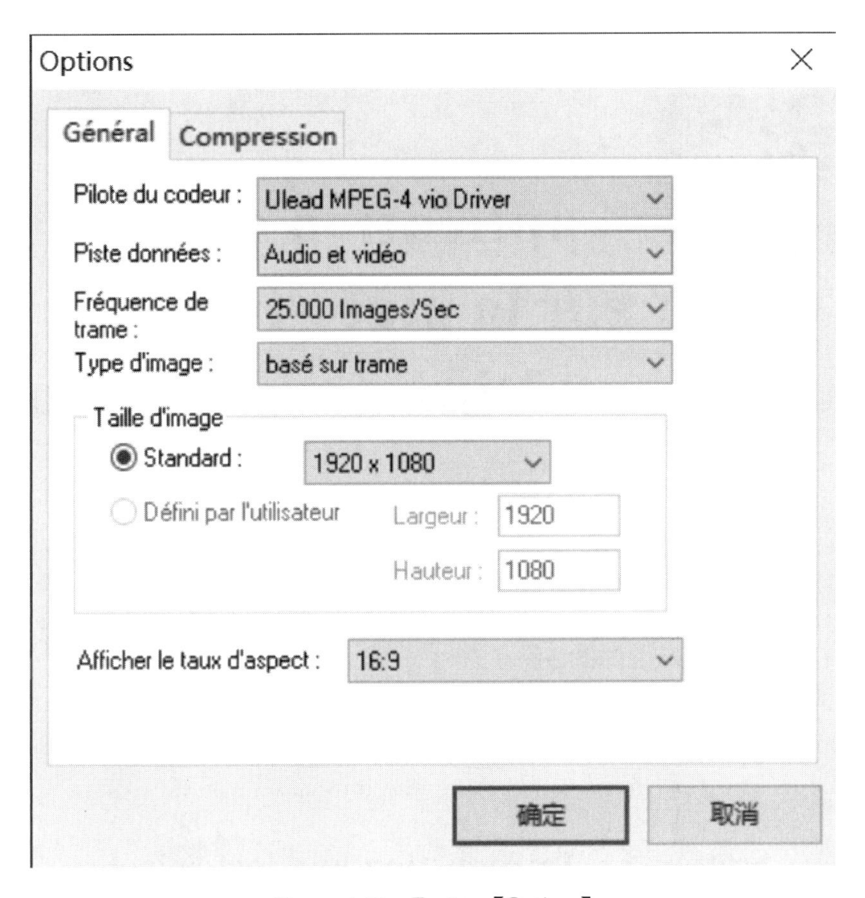

Figure 4-51　Fenêtre【Options】

Étape 3. Sélectionnez le chemin de stockage du fichier vidéo, définissez le nom du fichier, puis cliquez sur le bouton【Démarrer】.

Remarque

Dans le fichier de projet enregistré,【Enregistrer】n'est qu'un chemin de stockage pour modifier les informations et les fichiers de matériaux, mais pas les fichiers de matériaux eux-mêmes. Par conséquent, lorsque le fichier de projet sera stocké sur un autre ordinateur, les fichiers de matériaux doivent être stockés avec le projet. Quand vous ouvrez le fichier de projet dans un autre ordinateur, le logiciel vous demandera le lien des matériaux. Le fichier de projet ne peut être édité qu'après avoir été lié aux matériaux.

Chapitre 5

Application de matériaux sur la plate-forme multimédia PowerPoint

Les logiciels de traitement multimédia réalisent essentiellement le traitement et l'édition de certains types de données multimédias. Si vous souhaitez créer une œuvre multimédia centrée sur un thème spécifique en utilisant une variété de données multimédias, vous devez d'ailleurs composer de manière logique les divers matériaux sur le logiciel de plateforme multimédia pour avoir finalement votre œuvre multimédia.

Section 1　Introduction aux logiciels de plate-forme multimédia

En règle générale, lors de la création d'œuvres multimédias, il faut d'abord traiter les données multimédias tels que des images, des animations, de l'audio, de la vidéo et ainsi de suite avec un logiciel spécial de traitement de données multimédias, et puis utiliser un logiciel de plate-forme multimédia pour organiser ces matériaux et former tout un ensemble d'interconnection. En outre, les logiciels de plate-forme multimédia peuvent fournir des fonctions telles que la production d'interface d'exploitation, le contrôle d'interaction utilisateur et la gestion des données, etc.

Ⅰ. Types de logiciels de plate-forme multimédia

Il existe de nombreux logiciels qui peuvent fournir des fonctions de plate-forme multimédia, y compris le langage de programmation de haut niveau, des logiciels dédiés à la connection des données multimédias et des logiciels polyvalents qui peuvent à la fois calculer et traiter des données multimédias. Les logiciels de plate-forme multimédia couramment vus comportent Visual Basic, Authorware, PowerPoint, etc.

1. Visual Basic

Visual Basic est un langage de programmation événementielle créé par Microsoft. Visual Basic est directement dérivé du BASIC et est souvent nommé en abrégé VB. Il permet le développement rapide d'applications et la création d'interfaces utilisateur graphiques. Le langage utilise des commandes multimédias pour compléter la connexion, l'appel et la production de programmes interactifs de donneées multimédias. Le travail essentiel est la programmation lorsque vous utilisez ce langage pour développer des produits multimédias. Le programme permet une flexibilité évidente aux produits multimédias, mais il présente également des demandes plus hautes pour les compétences des créateurs.

2. Authorware

Authorware est un langage visuel interprété, basé sur les organigrammes, l'outil gère l'assemblage des différentes ressources de cours: graphiques, sons, animations, textes, vidéos et données. Il est bien pratique à manipuler avec ses fonctionnalités d'interaction nombreuses et puissantes. L'Authorware gère automatiquement un grand nombre de variables et de fonctions prédéfinies, permettant ainsi de façon simple le saut et la redirection du programme. L'ensemble du processus de développement du programme multimédia peut être effectué sur la plate-forme en mode visuel. La structure du module du programme est claire et concise. Vous pouvez facilement organiser et gérer chaque module depuis un simple clic, et de plus définir l'ordre d'appel et la structure logique entre les modules.

3. PowerPoint

PowerPoint fait partie de la suite d'outils bureautiques développés par Microsoft. Il est essentiellement un outil de création de présentation. Le document global que vous créez dans l'application est appelé diapora ou présentation. La conception et la création d'œuvres multimédias PPT ne demandent pas de connaissances et de méthodes de programmation professionnelles, et avec des connaissances informatiques de base, vous pouvez facilement maîtriser cet outil. Cependant, il n'est pas facile de créer une excellente œuvre PPT, cela nécessite des connaissances et une maîtrise approfondies du logiciel pour faire ressortir le contenu de façon cohérente.

Ⅱ. Fonctions des logiciels de plate-forme multimédia

Les logiciels de plateforme multimédia constituent l'outil support important de la production des œuvres multimédias, leurs fonctions sont comme suit:

① Contrôler le démarrage, l'exécution et l'arrêt de divers supports multimédias.

② Coordonner la séquence temporelle des médias, effectuer le contrôle du temps et le contrôle de la synchronisation.

③ Générer des interfaces d'opération orientées vers les utilisateurs, définir le menu fonctionnel de la boîte à boutons de commande pour réaliser l'opération des supports multimédias.

④ Générer une base de données en fournissant une variété de fonctions de gestion.

⑤ Surveiller le fonctionnement des programmes multimédias, y compris le comptage, le chronométrage et le comptage du nombre d'occurrences des événements.

⑥ Maîtriser de façon précise les modes d'entrée et de sortie.

⑦ Compacter les programmes cibles multimédias, configurer l'installation et le déchargement des fichiers, surveiller et gérer les ressources environnementales et les ressources multimédia.

Il est à noter que toutes les fonctions susmentionnées des logiciels de plate-forme multimédia ne seront pas représentées dans chaque œuvre multimédia, et qu'une œuvre multimédia spécifique peut appliquer uniquement une partie des fonctions susmentionnées.

Section 2 Insertion et édition des matériaux

PowerPoint est un programme de présentation de diaporamas développé par Microsoft Office et faisant partie de la suite d'outils Microsoft Office. Ce logiciel permet de créer une présentation pour écran et vidéo projecteur, il est surtout utilisé pour les situations professionnelles et éducatives, ainsi que les présentations commerciales et techniques lors de réunions en face à face ou à distance. Les données multimédias jouent un rôle de plus en plus important dans la création des diaporamas, ils permettent la présentation de vos idées de manière dynamique et visuellement attrayante. Les donneées multimédias dans PowerPoint comprennent essentiellement des images, des fichiers audio et vidéo, etc. , et nous vous présenterons leur application ci-dessous en prenant Powerpoint 2016 comme notre exemple.

Ⅰ. Images

1. Insérer une image

(1) Insérer une image d'arrière-plan

L'arrière-plan du diaporama est généralement déterminé par le modèle sélectionné lors de la création du diaporama. Si aucun modèle n'est sélectionné, l'arrière-plan de toutes les diapositives sera vide par défaut. Il arrive des fois à l'utilisateur d'insérer un arrière-plan d'image pour modifier l'arrière-plan d'une diapositive afin d'obtenir un effet distinctif. Les procédés de travail sont comme suit:

Étape 1. Ouvrez la diapositive dont vous souhaitez définir l'image d'arrière-plan, cliquez avec le bouton droit de la souris dans l'espace vide et sélectionnez【Mise en forme de l'arrière-plan】, ou cliquez sur le bouton【Mise en forme de l'arrière-plan】dans la zone de fonction【Personnaliser】sous le menu【Création】, comme le montre la Figure 5-1. La boîte de dialogue correspondante à la【Mise en forme de l'arrière-plan】va s'afficher, comme illustré à la Figure 5-2.

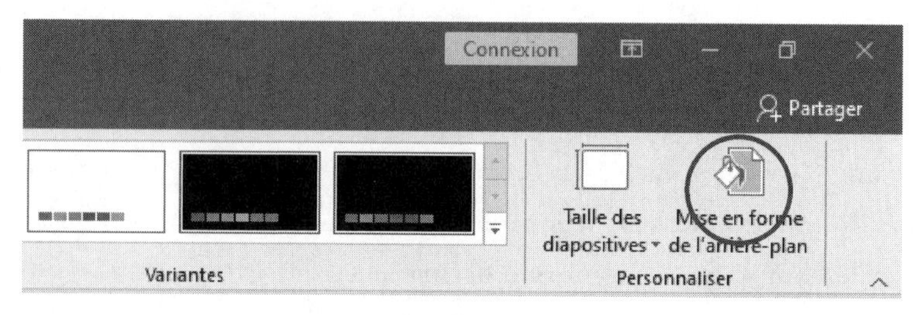

Figure 5-1 Bouton【Mise en forme de l'arrière-plan】

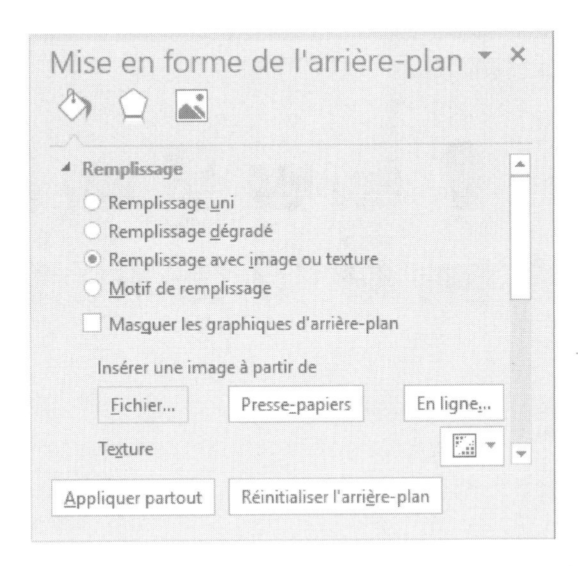

Figure 5-2 Boîte de dialogue【Mise en forme de l'arrière-plan】

Étape 2. Dans le panneau【Mise en forme de l'arrière-plan】, cliquez sur l'élément【Remplissage avec image ou texture】, puis cliquez sur le bouton【Fichier...】au-dessous de « Insérer une image à partir de » pour ouvrir la boîte de dialogue【Insérer une image】, comme le montre la Figure 5-3.

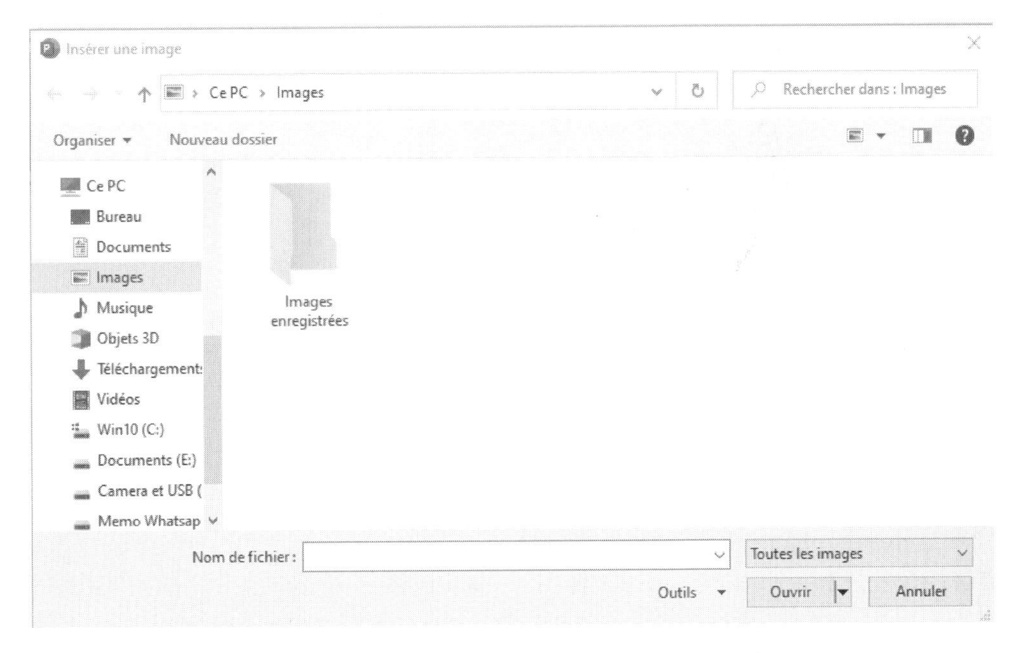

Figure 5-3 Boîte de dialogue【Insérer une image】

Étape 3. Sélectionnez l'image d'arrière-plan à insérer, comme illustré à la Figure 5-4, cliquez sur le bouton【Insérer】, et vous trouverez l'effet de l'application comme l'illustre la Figure 5-5.

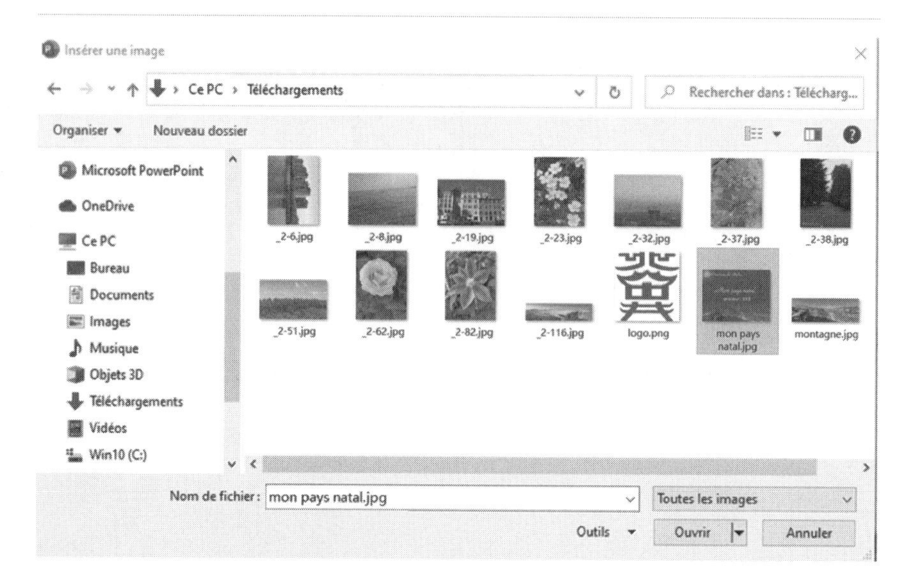

Figure 5-4　Boîte de dialogue【Sélectionner une image】

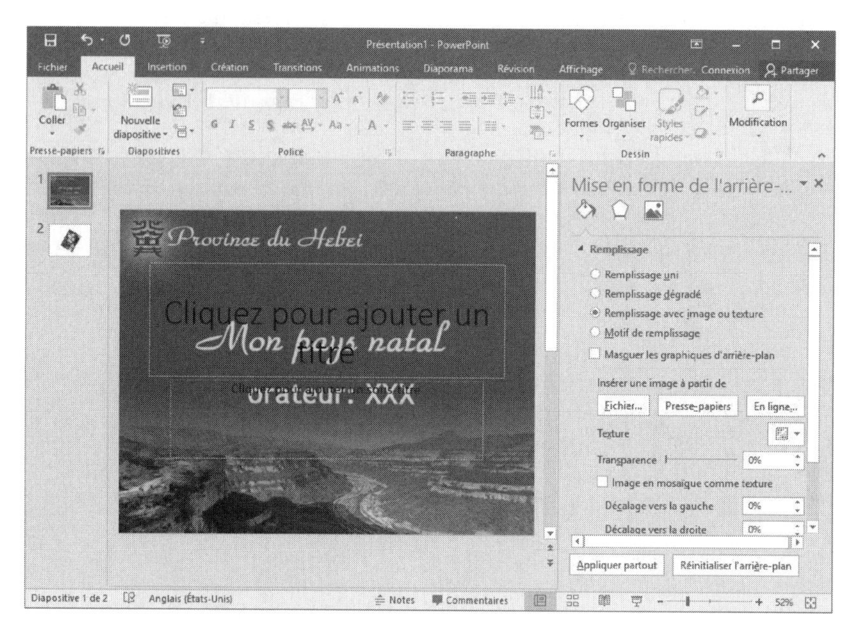

Figure 5-5　Effet de l'application Insérer une image d'arrière-plan

(2) Insérer un objet image

Il est parfois nécessaire d'ajouter le logo de l'université ou de l'entreprise dans une diapositive, et vous devez à ce moment-là insérer une image. Concernant l'insertion d'image dans le diaporama à partir du fichier. Les étapes spécifiques sont comme suit :

① Sélectionnez l'option【Insérer】, dans le groupe【Images】, sélectionnez l'option【Photo】, une fenêtre s'ouvrira et vous permettra de choisir une image, comme le montre la Figure 5-3.

② Sélectionnez l'image à insérer, comme illustré à la Figure 5-4, cliquez sur le bouton【Insérer】, et vous voyez l'effet de l'application comme l'illustre la Figure 5-6.

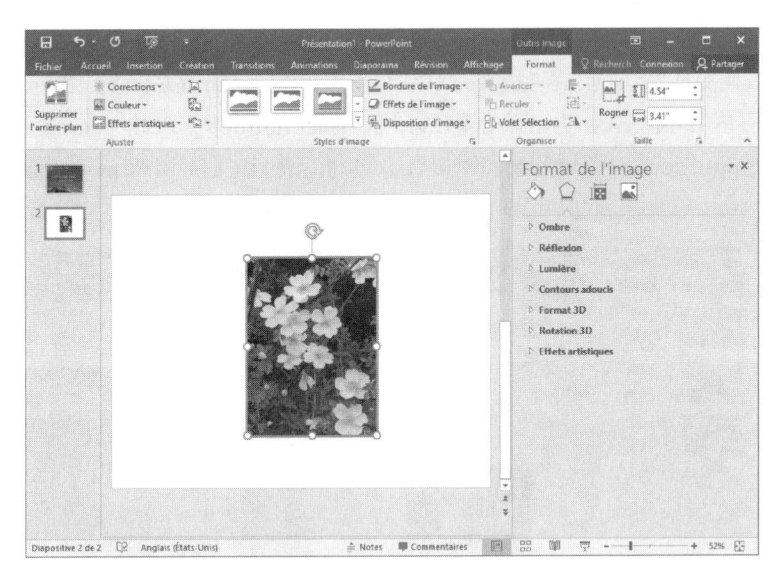

Figure 5-6　Effet de l'application d'insérer une image

2. Édition de l'objet image

(1) Définir le format d'image

Après avoir inséré l'image dans le diaporama, nous pouvons modifier l'image en définissant son format pour rendre l'image plus belle et plus attrayante et mettre en évidence l'effet d'accentuation. Sélectionnez l'image, cliquez sur le bouton droit de la souris, sélectionnez ensuite 【Format de l'image】 dans le menu contextuel, le panneau 【Format de l'image】 va s'afficher, comme illustré à la Figure 5-7.

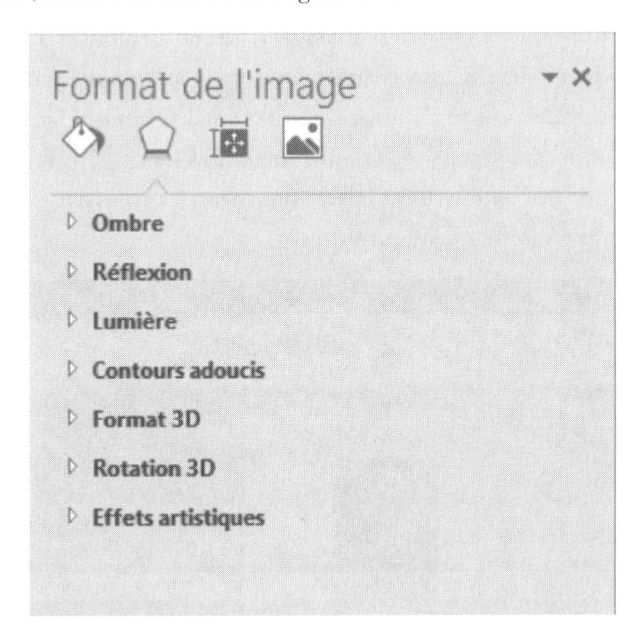

Figure 5-7　Panneau de définition 【Format de l'image】

① Remplissage et ligne.

Cliquez sur le bouton de fonction 【Remplissage et ligne】 dans le panneau 【Format de l'image】,et les options de paramétrage【Remplissage】et【Ligne】vont apparaître. Vous pouvez définir la couleur de trait de l'image à partir de l'option【Ligne】.

Cliquez sur le bouton de fonction【Ligne】, sélectionnez【Trait plein】comme type de trait, orange comme couleur, la largeur de trait pour 5 pt et【trait mixe de fort à fin】comme composition de trait, et l'effet est comme illustré à la Figure 5-8.

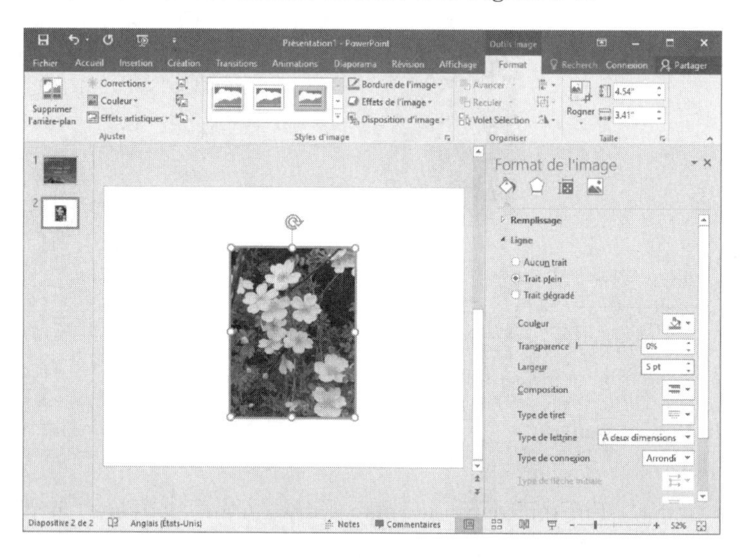

Figure 5-8　Effet de l'application de paramétrage de trait

② Effets.

Cliquez sur le bouton de fonction【Effets】dans le panneau【Format de l'image】et les options d'effets telles que【Ombre】,【Réflexion】et【Lumière】vont s'afficher, vous pouvez régler l'effet visuel de l'image en définissant les paramètres des éléments. Prenons comme exemple l'ajout d'une ombre à l'image,cliquez sur l'élément【Ombre】,prédéfinissez en sélectionnant【Perspective diagonale supérieure droite】,【Gray-25%】, faites glisser la barre transparence vers la droite pour définir le pourcentage d'opacité de 80%, l'effet de l'application est comme le montre la Figure 5-9.

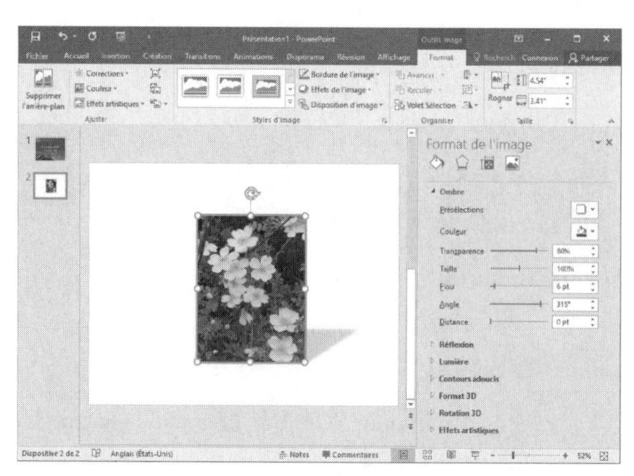

Figure 5-9　Effet de l'application de l'ombre dans l'image

③ Taille et propriétés.

Cliquez sur le bouton de fonction 【Taille et propriétés】 dans le panneau【Format de l'image】 et les options d'effet telles que【Taille】,【Position】,【Zone de texte】 et【Texte de remplacement】 vont s'afficher, vous pouvez ajuster la taille, l'emplacement de l'image et ainsi de suite en définissant les valeurs des paramètres de chaque option. Prenons comme exemple le paramétrage de la taille de l'image, cliquez sur le bouton【Taille】, définissez la rotation sur 30° et l'échelle de hauteur sur 60%, cochez la case【Conserver les proportions】 et vous trouverez l'effet de l'application comme illustré à la Figure 5-10.

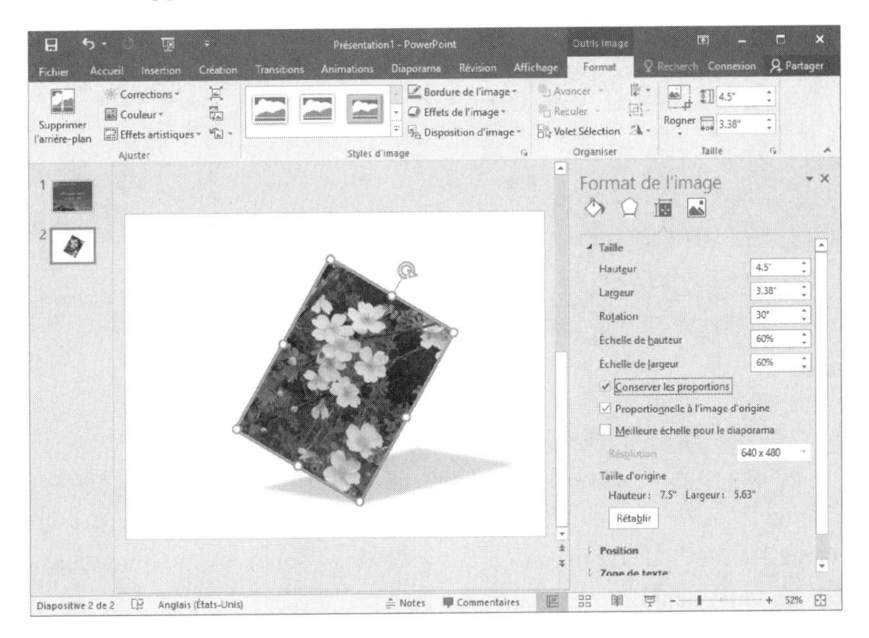

Figure 5-10　Effet de l'application après la définition de Taille et propriétés de l'image

④ Image.

Cliquez sur le bouton de fonction 【Image】 dans le panneau【Format de l'image】 et les options d'effet telles que【Correction des images】,【Couleur de l'image】 et【Rogner】 vont s'afficher, vous pouvez ajuster la couleur de l'image ou recadrer l'image en définissant les paramètres des éléments. Prenons comme exemple la modification de la couleur de l'image, cliquez sur le bouton【Couleur de l'image】, définissez la saturation sur 300%, vous trouverez l'effet de l'application comme illustré à la Figure 5-11.

(2) Définir la couleur transparente

Dans la version PowerPoint 2016, vous pouvez supprimer la couleur de fond d'une image depuis la fonction【Définir la couleur transparente】. Cliquez sur l'image dont vous voulez supprimer le fond, sélectionnez l'onglet【Format】 dans le ruban, cliquez sur le bouton【Couleur】 et puis sur【Définir la couleur transparente】 dans le menu déroulant. Déplacez le pointeur sur le fond de l'image, cliquez sur le bouton gauche de la souris et le fond deviendra transparente.

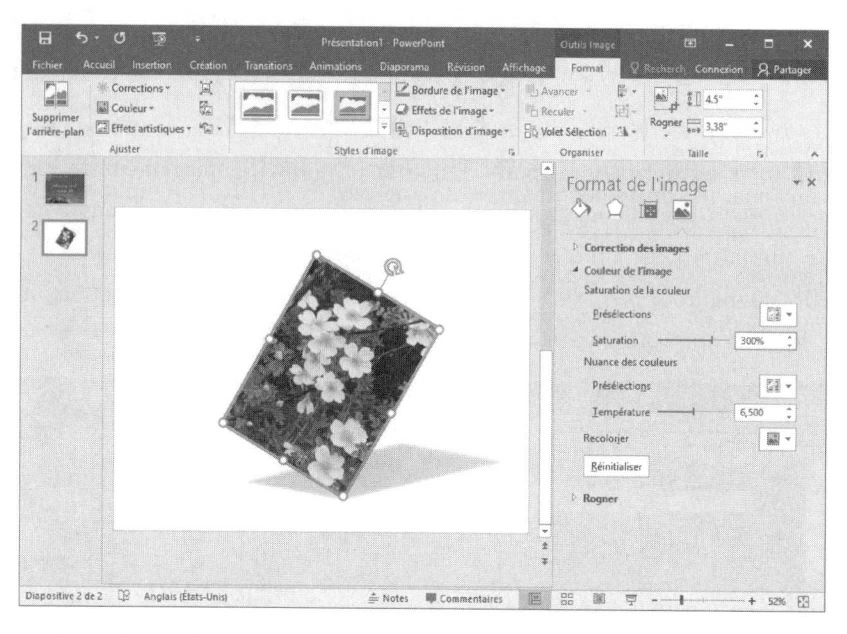

Figure 5-11　Effet de l'application après la définition de la couleur de l'image

Ⅱ. Audio

Lorsque vous créez un diaporama, l'ajout d'une bande sonore peut le rendre plus attirante, vous pouvez donc y ajouter des fichiers audio et enregistrer de l'audio. Après avoir ajouté l'audio, une icône de son va s'afficher sur la diapositive. Nous vous présenterons dans la partie suivante les méthodes d'insertion des matériaux sonores dans une diapositive.

1. Insérer un objet audio

(1) Ajouter un fichier audio

Sélectionnez la diapositive à laquelle vous voulez ajouter un fichier audio, dans l'onglet【Insertion】, cliquez sur le bouton【Audio】dans le groupe【Média】, comme illustré à la Figure 5-12, et sélectionnez l'option【Audio sur mon PC】dans la liste déroulante, comme le montre la Figure 5-13, dans la boîte de dialogue【Insérer un élément Audio】, définissez l'emplacement à stocker le fichier audio et sélectionnez le fichier audio que vous souhaitez ajouter, puis cliquez sur le bouton【Insertion】pour terminer l'insertion du fichier audio dans la diapositive.

Figure 5-12　Bouton【Audio】

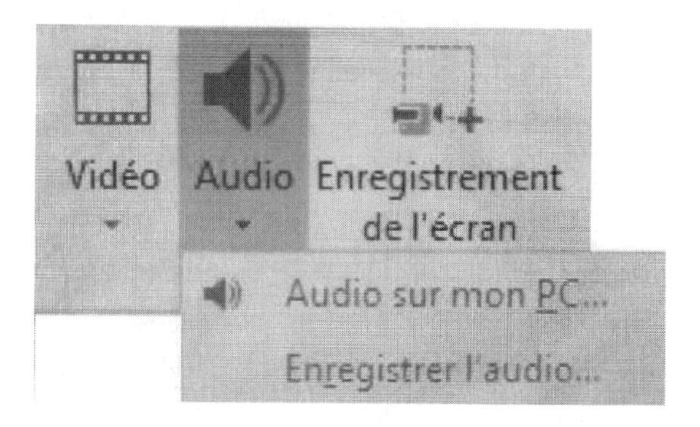

Figure 5-13　Options dans la liste déroulante【Audio】

Après avoir inséré un fichier audio, vous verrez une icône de son sur la diapositive dans le volet d'édition. Cliquez sur l'icône d'audio, un module de contrôle audio va apparaître au dessous de l'icône, et un outil 【Audio】 va également apparaître dans la zone d'onglets de la fenêtre actuelle. Cliquez sur les onglets 【Format】 et 【Lecture】 pour effectuer des réglages détaillés sur le fichier audio inséré.

(2) Ajouter un fichier audio enregistré

Sélectionnez la diapositive à laquelle vous voulez ajouter un fichier audio, dans l'onglet 【Insertion】, cliquez sur le bouton 【Audio】 dans le groupe 【Média】, comme illustré à la Figure 5-14, sélectionnez l'option 【Enregistrer un son】 dans la liste déroulante, et la boîte de dialogue correspondante va s'afficher comme indiqué à la Figure 5-14. Entrez un nom pour votre fichier audio et cliquez sur le bouton pour démarrer l'enregistrement. Après l'enregistrement audio, cliquez sur le bouton pour arrêter l'enregistrement. Enfin, cliquez sur le bouton 【OK】 pour insérer le fichier audio qui vient d'être enregistré dans la diapositive. L'édition du fichier est la même que le fichier audio précédent.

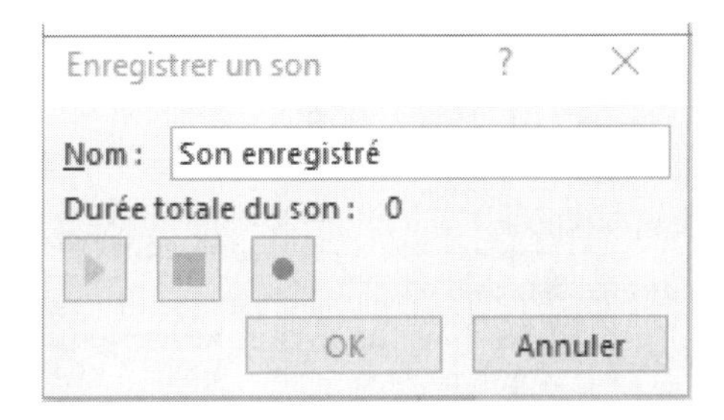

Figure 5-14 Boîte de dialogue 【Enregistrer un son】

2. Édition d'un fichier audio

Après l'insertion du fichier audio, vous verrez une icône de son sur la diapositive dans le volet Édition, cliquez sur l'icône et un module de contrôle audio va apparaître au dessous de l'icône, comme illustré à la Figure 5-15, et un outil 【Audio】 va également apparaître dans la zone d'onglets de la fenêtre actuelle. Cliquez sur les onglets 【Format】 et 【Lecture】 pour effectuer des réglages détaillés sur le fichier audio inséré.

Figure 5-15 Contrôleur audio

(1) Découper le clip audio

Une fois un clip audio inséré sur une diapositive, il nous est possible de couper le son à n'importe quelle position du fichier audio pour supprimer les parties inutiles sans avoir besoin de lire tout l'audio entière. Les procédés de travail sont comme suit:

Sélectionnez l'onglet contextuel 【Outils audio】, cliquez sur le bouton 【Découper l'audio】 dans le groupe【Édition】de la zone【Lecture】, et la boîte de dialogue【Découper l'audio】apparaîtra, comme illustré à la Figure 5-16. Il y a deux taquets sur le fichier audio, le taquet vert marque l'heure de début de la lecture audio et le taquet rouge l'heure de fin. Après avoir déterminé la zone à conserver, cliquez sur le bouton【OK】.

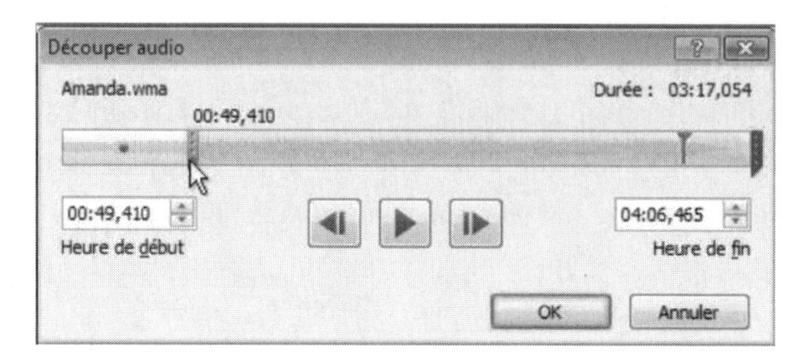

Figure 5-16　Boîte de dialogue【Découper l'audio】

(2) Contrôle de la lecture audio

Sélectionnez le fichier audio inséré, cliquez sur l'onglet contextuel【Outils audio】, vous pouvez contrôler la lecture audio depuis les options de fonction dans le groupe【Options audio】de la zone【Lecture】, comme illustré à la Figure 5-17.

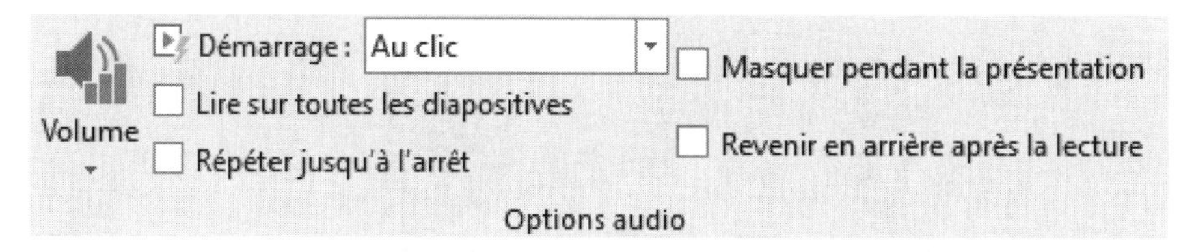

Figure 5-17　Outils【Options audio】

Si le mode de démarrage par défaut de l'audio inséré est la lecture【Au clic】. Cliquez sur l'onglet【Démarrage】, dans la liste déroulante, vous pouvez modifier le mode de démarrage pour【Automatiquement】, comme illustré à la Figure 5-18.

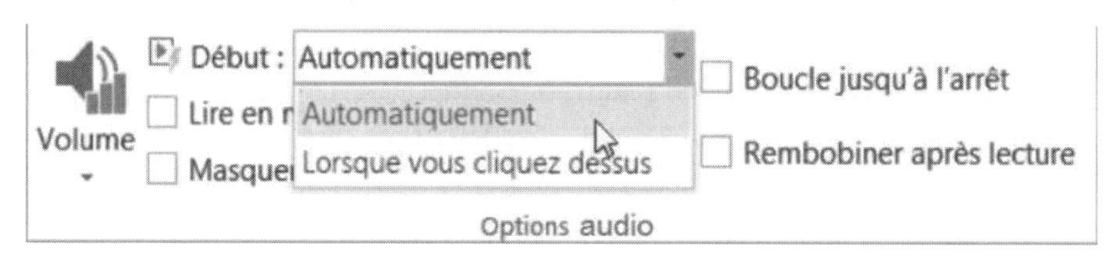

Figure 5-18　Définir le mode de démarrage de l'audio insérée

Cliquez sur le bouton Volume dans le groupe【Options audio】pour ouvrir le menu【Options de volume】, définissez le volume souhaité, ici, on a réglé le volume sonore sur【Fort】, comme le montre la Figure 5-19.

Dans le groupe【Options audio】, il y a quatre cases à cocher avec les fonctions suivantes.

① Lire sur toutes les diapositives : permet de lire un même fichier audio sur toutes les diapositives ;

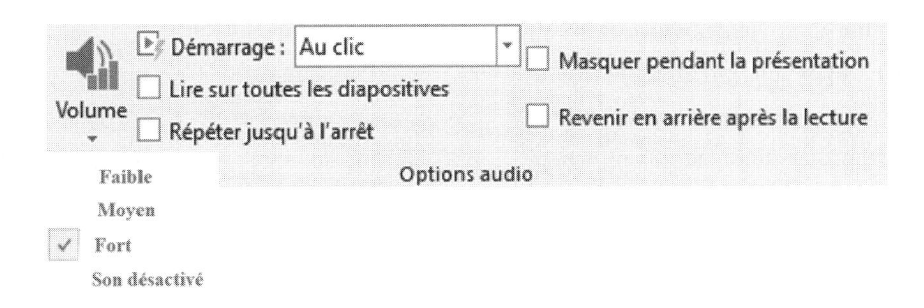

Figure 5-19 Définir le volume du son

② Masquer pendant la présentation: permet de masquer l'icône du clip lors de la présentation;

③ Répéter jusqu'à l'arrêt: permet de lire le fichier audio en boucle jusqu'à son arrêt manuel à l'aide du bouton Lecture/Pause;

④ Revenir en arrière après lecture: la lecture de l'audio commencera chaque fois du début.

Ⅲ. Vidéo

Dans la version PowerPoint 2016, vous pouvez non seulement ajouter des images et des effets sonores, mais également des fichiers vidéos, ce qui rend le diaporama plus vivant et intéressant. La méthode de l'insertion d'une vidéo dans une diapositive est similaire à celle de l'insertion d'un fichier audio.

1. Insérer une vidéo

Sélectionnez la diapositive où vous souhaitez ajouter la vidéo, dans l'onglet 【Insertion】, dans le groupe 【Médias】, cliquez sur le menu déroulant 【Vidéo】, sélectionnez vidéo sur PC, et la boîte de dialogue 【Insérer une vidéo】 s'affichera, comme le montre la Figure 5-20, recherchez la vidéo que vous souhaitez incorporer, cliquez dessus, puis cliquez sur 【Insérer】 pour terminer l'ajout d'une vidéo dans la diapositive.

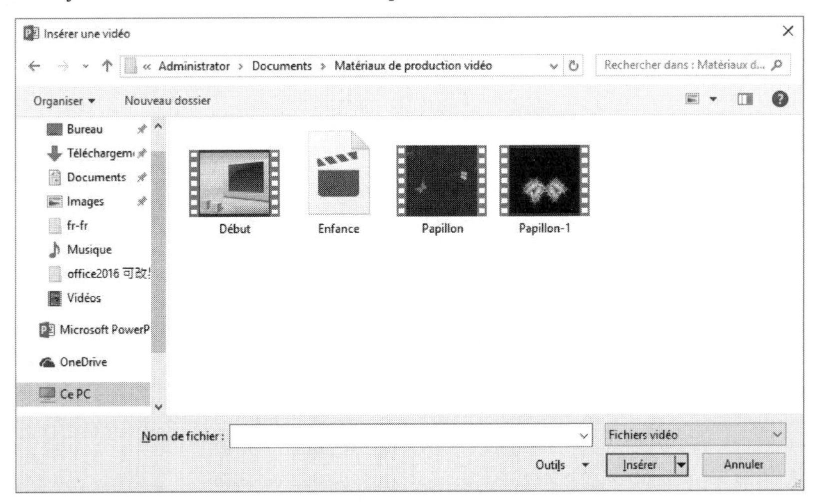

Figure 5-20 Boîte de dialogue 【Insérer une vidéo】

2. Édition d'un fichier vidéo

(1) Découper une vidéo

Une fois la vidéo insérée sur la diapositive, nous pouvons couper la vidéo à n'importe quelle position du fichier pour supprimer les parties inutiles sans avoir besoin de lire toute la vidéo entière. Les procédés de travail sont comme suit:

① Dans le groupe【Édition】de l'onglet【Lecture】de l'option【Outils vidéo】, cliquez sur【Découper la vidéo】, comme le montre la Figure 5-21, la boîte de dialogue【Découper la vidéo】s'ouvrira, comme le montre la Figure 5-22.

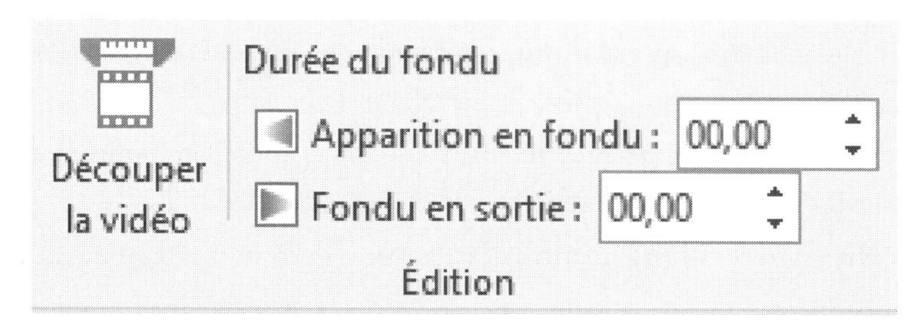

Figure 5-21 Bouton【Découper la vidéo】

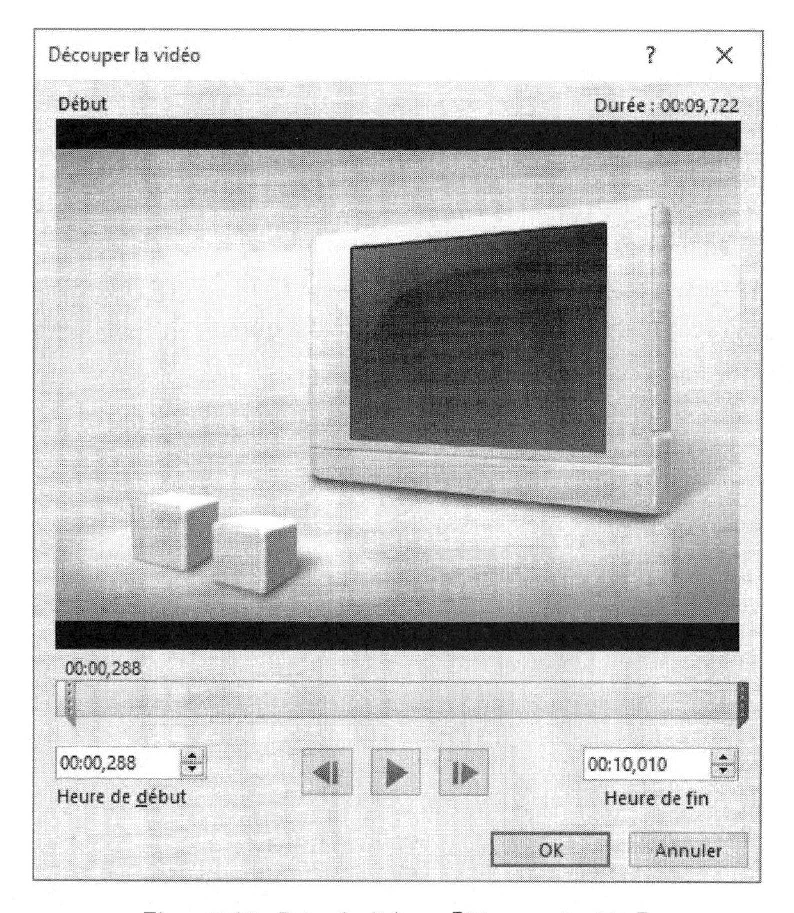

Figure 5-22 Boîte de dialogue【Découper la vidéo】

② Dans la boîte de dialogue ouverte, il y a deux taquets au dessous du volet d'aperçu vidéo, le taquet vert marque le point de départ et le taquet rouge le point de fin, faites glisser les flèches aux positions de départ et de fin souhaitées pour la vidéo, puis cliquez sur le bouton【OK】pour terminer le découpage de la vidéo.

(2) Contrôle de la lecture vidéo

Sélectionnez le fichier vidéo inséré, cliquez sur l'onglet contextuel【Outils vidéo】, vous pouvez contrôler la lecture vidéo depuis les éléments du groupe【Options vidéo】de l'onglet【Lecture】, comme illustré à la Figure 5-23.

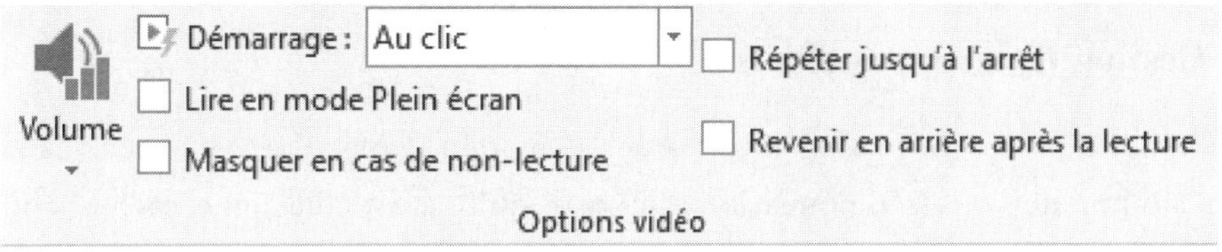

Figure 5-23 Éléments de【Options vidéo】

Si le mode de démarrage par défaut de la vidéo insérée est la lecture【Au clic】. Cliquez sur l'onglet【Démarrage】, dans la liste déroulante, vous pouvez modifier le mode de démarrage pour【Automatiquement】, comme illustré à la Figure 5-24.

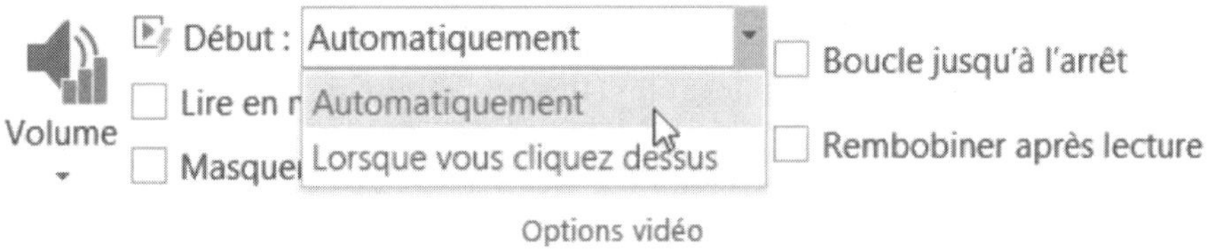

Figure 5-24 Définir le mode démarrage de la vidéo

Cliquez sur le bouton Volume dans le groupe【Options vidéo】pour ouvrir le menu【Options de volume】, définissez le volume souhaité, ici, on a réglé le volume sonore sur【Fort】, comme le montre la Figure 5-25.

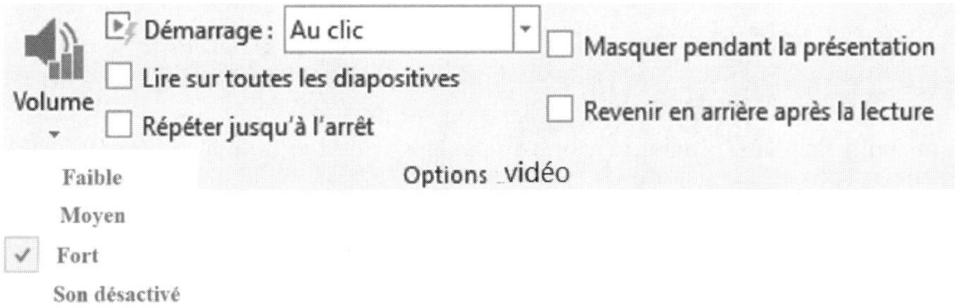

Figure 5-25 Définir le volume sonore de la vidéo

Dans le groupe【Options vidéo】, il y a quatre cases à cocher avec les fonctions suivantes.

① Lire sur toutes les diapositives: permet de lire un même fichier vidéo sur toutes les diapositives;

② Masquer pendant la présentation: permet de masquer l'icône de la vidéo lors de la présentation;

③ Répéter jusqu'à l'arrêt: permet de lire le fichier vidéo en boucle jusqu'à son arrêt manuel à l'aide du bouton Lecture/Pause;

④ Revenir en arrière après la lecture: la lecture de la vidéo commencera chaque fois du début.

Ⅳ. Gestion intégrée des objets

Lorsqu'il y a plusieurs images incorporées dans une diapositive, vous pouvez aligner les images et ajouter des effets d'animation, de sorte qu'il y ait une ligne cachée pour lier les images de façon logique et organiser le contenu de la page de manière ordonnée, ce qui améliorera considérablement l'effet expressif du diaporama.

1. Placement des matériaux

(1) Ordre de superposition

Pour créer un effet intéressant, souvent les images sont superposées sur une diapositive de présentation Microsoft PowerPoint. Pour ce faire, vous pouvez ajuster l'ordre dans lequel vous superposez ces images. Prenons comme exemple la méthode d'avancer une image d'un niveau, procédés de travail: sélectionnez les images à ajuster l'ordre de superposition, sélectionnez l'onglet【Format】, dans le groupe【Organiser】, cliquez sur le bouton【Avancer】pour faire avancer l'objet d'une position dans l'ordre, comme le montre la Figure 5-26.

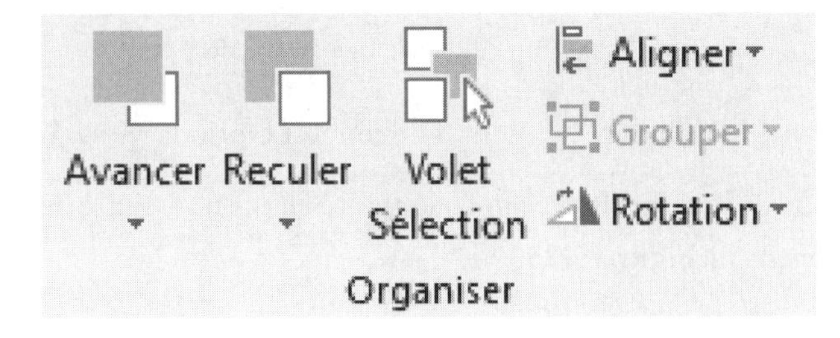

Figure 5-26 Boutons de fonction dans le groupe【Organiser】

(2) Aligner et répartir des objets

Lorsque vous insérez plusieurs objets d'images, le diaporama pourrait apparaître très désordonné. La fonction【Aligner】de l'outil d'image permet d'aligner des objets les uns par rapport aux autres ou par rapport à la diapositive. Procédés de travail: sélectionnez deux objets image ou plus et cliquez sur le bouton【Aligner】dans le groupe【Organiser】de l'onglet【Format】. La liste déroulante【Aligner】va apparaître, comme le montre la Figure 5-27, sélectionnez l'une des options pour terminer l'alignement et la répartition de plusieurs objets.

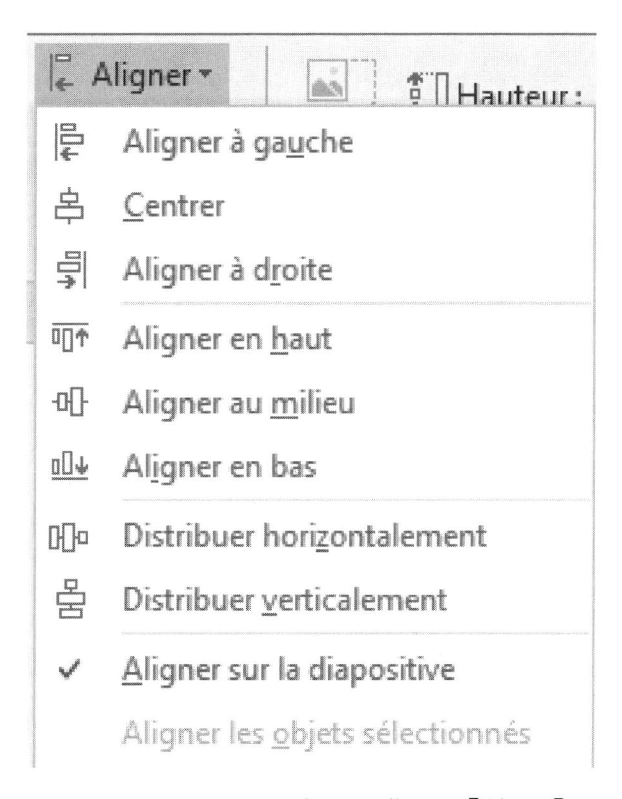

Figure 5-27 Liste déroulante de l'option【Aligner】

(3) Grouper des objets

Dans la version PowerPoint 2016, grouper des objets permet de les déplacer, les dimensionner et de les mettre en valeur en une seule manipulation. Procédés de travail: Sélectionnez les objets à grouper, sur l'onglet【Format】, cliquez sur l'outil【Grouper】du groupe【Organiser】, dans la liste déroulante, cliquez sur l'option【Grouper】pour terminer le groupement d'images, comme illustré à la Figure 5-28. Cliquez sur l'option【Dissocier】dans la liste déroulante pour dissocier les objets d'un groupe, comme illustré à la Figure 5-29.

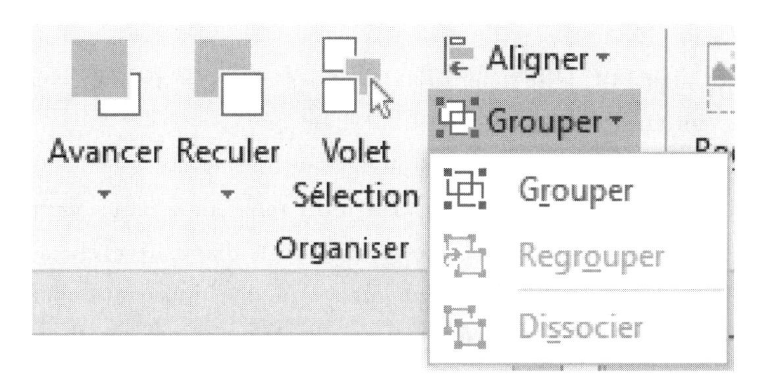

Figure 5-28 Option【Grouper】

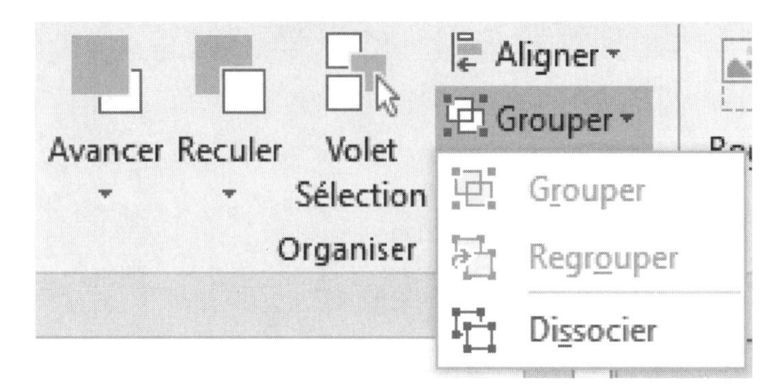

Figure 5-29　Option【Dissocier】

2. Présentation des objets

Vous pouvez ajouter des effets d'animation pour contrôler la synchronisation de lecture des matériaux tels que les images et les vidéos insérées dans le diaporama. Si vous appliquez des effets visuels prédéfinis aux objets d'une diapositive, les objets incorporés ne seront pas affichés d'une seule fois pendant la présentation, mais l'un après l'autre selon l'ordre des animations prédéfinies.

(1) Types d'effets d'animation

Il existe quatre types d'effets d'animation: apparition, emphase, mouvements et disparition.

① Apparition.

Il s'agit des effets d'animations dès l'arrivée sur la diapositive de l'objet animé.

② Emphase.

Une fois l'objet est présent sur la diapositive, vous pouvez mettre évident certain contenu par les effets de type【Emphase】, afin de renforcer l'effet expressif du diaporama.

③ Mouvements.

【Mouvements】, anciennement【Trajectoires】, permet à l'objet de décrire la trajectoire choisie lorsque l'objet est visible sur la diapositive.

④ Disparition.

Lorsque l'objet disparaît de la diapositive pour les effets de type【Disparition】.

(2) Appliquer un effet d'animation

① Appliquer un effet d'apparition.

Les procédés de travail pour appliquer un effet d'apparition sont comme suit:

• Pour définir la façon dont l'objet doit arriver sur la diapositive, choisissez un des effets de la section【Apparition】ou, pour choisir un autre type d'effet, sélectionnez l'option【Autres effets d'apparition】, comme le montre la Figure 5-30. Vous pouvez également cliquer sur le bouton【Ajouter une animation】.

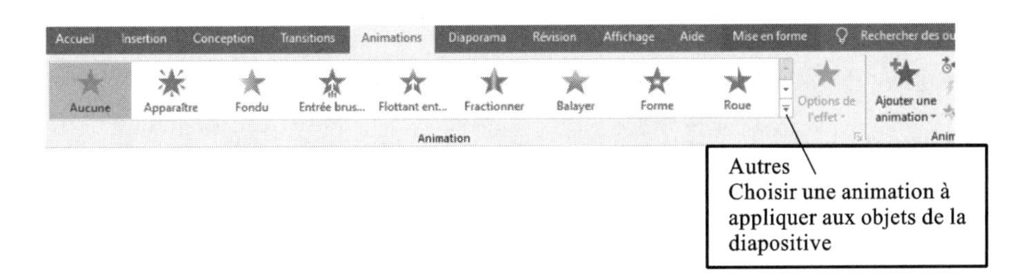

Figure 5-30 Autres effets du volet【Apparition】

• Dans le panneau ouvert sont affichées toutes les animations prédéfinies de Powerpoint 2016, comme illustré à la Figure 5-31. Il suffit de sélectionner dans la section【Apparition】l'animation souhaitée. S'il n'y a pas d'animation satisfaite, vous pouvez cliquer sur l'option【Autres effets d'apparition】au bas du panneau, et puis faites votre sélection dans la liste plus détaillée des animations de la boîte de dialogue contextuelle【Modifier un effet d'apparition】, comme illustré à la Figure 5-32.

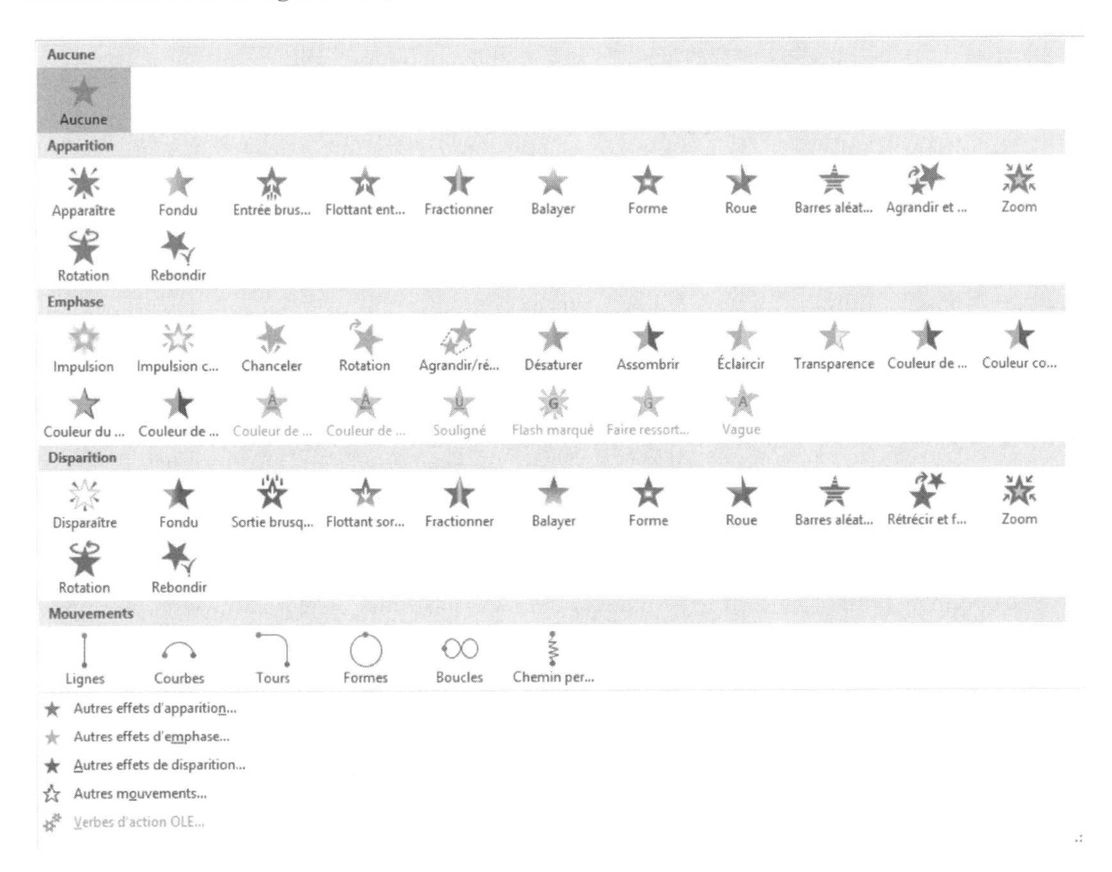

Figure 5-31 Effets d'animations prédéfinis dans PowerPoint 2016

Figure 5-32 Autres effets【Apparition】

• Sur l'onglet【Animations】, cliquez sur le bouton【Options d'effet】du groupe【Animations】, sélectionnez le sens approprié dans la liste déroulante pour définir la façon dont l'effet doit s'appliquer, comme illustré à la Figure 5-33.

② Appliquer un effet d'emphase.

Sélectionnez l'objet à ajouter un effet【Emphase】, puis choisissez un des effets de la section【Emphase】pour terminer le réglage, comme le montre la Figure 5-31.

Pour choisir un autre type d'effet, sélectionnez l'option【Autres effets d'emphase】dans le groupe【Animations】.

③ Créer une trajectoire.

Sélectionnez l'objet que vous souhaitez animer par une trajectoire. Activez l'onglet【Animations】, puis, dans la liste des effets du groupe【Animations】, choisissez un des effets de la section【Mouvements】pour terminer le réglage, comme le montre la Figure 5-31.

La trajectoire apparaît dans la diapositive sous la forme d'un trait ou d'une courbe en pointillés; une flèche verte marque le point de départ de la trajectoire tandis qu'une flèche rouge marque sa direction et son point final. Vous pouvez modifier la rotation, la forme et la taille de la trajectoire pour diversifier le mouvement de l'objet, comme le montre la Figure 5-34.

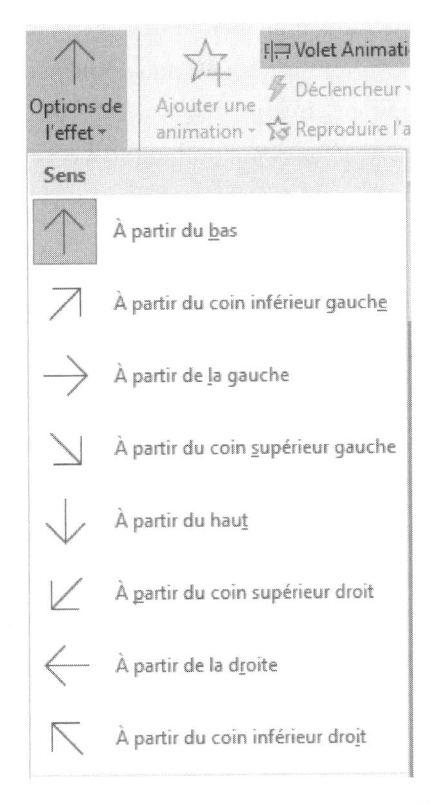

Figure 5-33 Réglage【Options de l'effet】

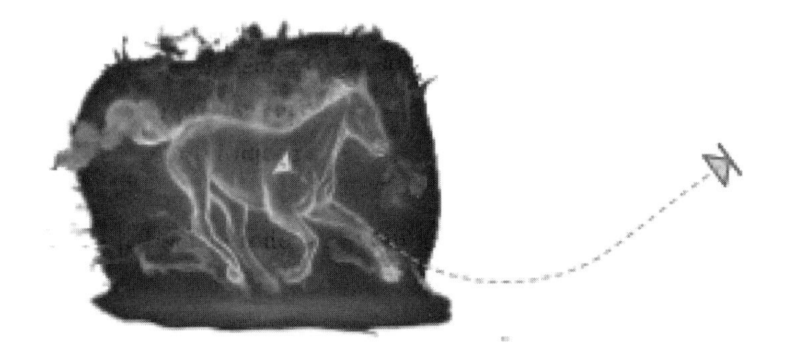

Figure 5-34 Réglage【Mouvements】de l'animation

④ Appliquer un effet de disparition.

Pour définir la façon dont l'objet doit disparaître de la diapositive, choisissez un des effets de la section【Disparition】, comme le montre la Figure 5-31, cliquez sur l'effet d'animation à appliquer et cliquez sur【OK】.

(3) Ajouter, définir et supprimer un effet d'animation

① Ajouter un effet d'animation supplémentaire.

L'utilisateur peut ajouter un ou plusieurs effets supplémentaires à un objet sur lequel un effet d'animation a déjà été appliqué. Les procédés de travail: sélectionnez l'objet concerné, activez l'onglet【Animations】puis cliquez sur le bouton【Ajouter une animation】du groupe【Animation avancée】, cliquez sur l'effet d'animation à appliquer.

② Personnalisez les paramètres des effets d'animations.

Tant que l'effet d'animation est défini pour un objet quelconque de la diapositive, vous pouvez le sélectionner à nouveau et paramétrer davantage son effet d'animation. Les procédés de travail sont comme suit: sélectionnez l'objet concerné, cliquez sur le bouton dans le groupe【Minutage】de l'onglet【Animations】pour régler l'heure de début, la durée et le temps de retard de l'animation.

Lorsque les utilisateurs souhaitent modifier l'ordre animations des objets, ils peuvent cliquer sur le bouton【Volet Animation】dans le groupe【Animations avancées】, et le【Volet Animation】s'affichera sur le côté droit du volet édition de la diapositive, comme illustré à la Figure 5-35. Les animations définies sur la diapositive actuelle seront affichées toutes dans le volet animation. Après avoir sélectionné une ligne d'animation marquée par un numéro, un bouton déroulant apparaîtra sur le côté droit de la ligne. Cliquez sur le bouton déroulant pour régler des paramètres détaillés de l'animation, y compris les conditions de débuter l'animation, les options d'effet, le minutage, la suppression, etc. Si une animation dans le volet animation est sélectionnée, les boutons fléchés vers le haut et vers le bas seront disponibles sur le côté droit du volet pour ajuster l'ordre des animations. Par exemple, cliquez sur le bouton fléché vers le haut pour avancer l'animation sélectionné d'un niveau.

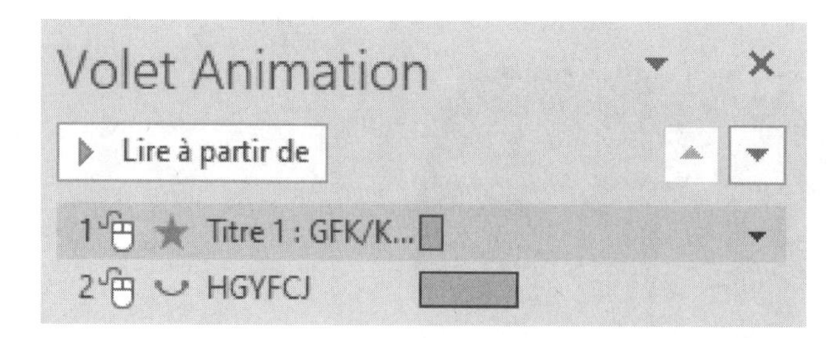

Figure 5-35 Volet Animation

③ Supprimer un effet d'animation.

Il y a deux méthodes pour la suppression d'un effet d'animation dans une diapositive:

- Sélectionnez l'objet concerné, cliquez sur l'effet à supprimer, appuyez sur la touche【Suppr】;
- Sélectionnez l'objet concerné, cliquez sur le bouton déroulant sur le côté droit de l'effet d'animation à supprimer dans le【Volet Animation】, et sélectionnez l'option【Supprimer】dans la liste déroulante, comme indiqué à la Figure 5-36, et l'effet sera supprimé.

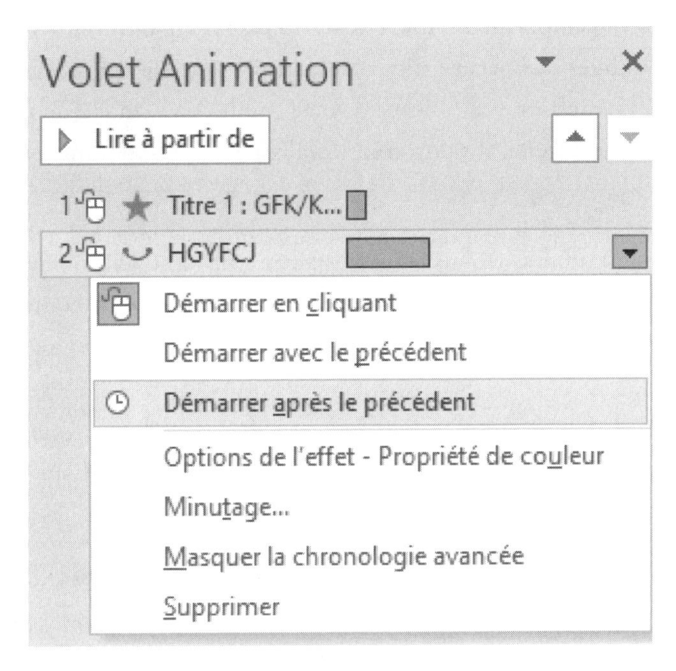

Figure 5-36 Volet Animation

Section 3 Conception du diaporama

Un grand nombre d'éléments conditionnent de façon fondamentale le mode de mise en œuvre du contenu d'une présentation, y compris l'inspiration, la conception, la mise en page, la structure, la présentation visuelle et ainsi de suite. La conception d'un diaporama ici mentionnée, certes assez restreinte, mais qui couvre l'ensemble de divers principes et méthodes de conception similaires dans d'autres types de conception.

Ⅰ. Conception de l'ossature

La conception de l'ossature constitue la première étape de la conception d'un diaporama, elle consiste essentiellement dans la conception de la structure du diaporama, y compris la logique générale du diaporama et le type de chaque page de diapositive.

1. Conception de la logique

Le même contenu expliqué par de différentes personnes permettra certainement au public d'avoir des compréhensions différentes, ce n'est pas parce que les gens ont de différentes facultés de compréhension, mais parce que les orateurs parlent différemment, ce qui crée une différence entre présentation qui captive facilement son auditoire et celle qui lasse son auditoire. Ce qu'on entend par la logique, c'est de déterminer ce que vous voulez dire en premier et ce que vous dites plus tard; ce qui est important et ce qui est secondaire; ce qu'il faut retenir par votre auditoire et ce qu'il faut ignorer.

La conception des diaporamas est décidée par son usage. Votre présentation à usage auxiliaire est sûrement différente de celle à usage de lecture en matière des méthodes et principes de conception, ces dernières doivent être également différentes si les présentations sont destinées aux publics différents. Pour ce faire, avant de commencer à réaliser votre présentation, vous devez définir vos objectifs, votre public et le mode de présentation, faire la conception sous son aspect général pour créer finalement un diaporama satisfaisant.

Remarque

Si votre présentation est à usage auxiliaire, elle doit avoir pour l'essentiel des images, surtout de vraies images de haute définition, ce genre de contenus visuels sont populaires et dynamiques et peuvent maintenir votre auditoire engagé et actif, créant un excellent effet.

Si votre présentation est à usage de lecture, vous devez vous assurer qu'elle fournit suffisamment d'informations avec suffisamment de texte; sinon, elle risque de lasser votre auditoire qui ne vous comprend pas bien.

En effet, la logique d'un diaporama est la logique de narration, de nombreux méthodes et principes comme la séquence, la causalité, l'importance, la déduction et l'induction et ainsi de suite sont inclus là-dedans. Construire la logique, c'est en fait de voir comment montrer le contenu au public sous une structure bien conçue et stimuler la compréhension et la mémoire des personnes assistant à la présentation.

2. Planification des diapositives

Après avoir déterminé la logique de la présentation, il faut planifier la structure de chaque diapositive. Un diaporama complet comprend généralement des diapositives de types suivants.

Diapositive de couverture: c'est la première diapositive, contenant généralement le titre de la présentation et l'état civil du présentateur.

Diapositive des points clés: donne une description générale sur le contenu de la présentation, un peu comme le résumé du contenu d'un livre. La diapositive des points clés peut être ajoutée ou supprimée en fonction du fil de la pensée du narrateur.

Diapositive de table des matières: semblable à la table des matières d'un livre, elle permet de faire un sommaire du contenu de la présentation pour faciliter la maîtrise de l'auditoire. Il est aussi possible de ne pas l'ajouter dans le diaporama.

Diapositive de transition: lorsque le présentateur change des parties du contenu, une page de transition permet d'indiquer clairement au public que la partie précédente est terminée et que nous entrons dans la partie suivante, de sorte que le public suit bien la pensée du présentateur.

Diapositive de contenu: indique les diapositives qui comprennent le contenu principal, c'est la partie noyau du diaporama.

Diapositive de résumé: après la présentation de tout contenu, il est souvent nécessaire de faire un résumé du contenu mentionné précédemment, le résumé peut être long ou court selon le besoin et la durée de temps.

Diapositive de clôture: c'est la dernière diapositive, les moyens de communication du présentateur ou quelques mots de remerciement sont souvent écrits sur cette diapositive de clôture.

Parmi les types de diapositives sus mentionnés, les diapositives de couverture et de contenu sont indispensables. La diapositive de transition a pour rôle de rappeler au présentateur la progression de la présentation, en règle générale, il faut l'ajouter dans le diaporama. La diapositive de clôture signale à l'auditoire la fin de la présentation, menant à sa conclusion logique, elle est généralement nécessaire.

Ⅱ. Conception de chaque diapositive

L'effet de la conception de chaque diapositive dépend du style du concepteur et du contenu de la présentation, les différents concepteurs et différents thèmes donnent des effets totalement différents. Cependant, la conception d'une diapositive doit généralement respecter les règles suivantes:

1. De la quantité à la qualité d'informations

Tout d'abord, il est essentiel de limiter la quantité d'informations dans un diaporama, d'y mettre uniquement le texte résumé aux éléments essentiels, car chaque diapositive a un espace limité. En plus du texte et des images, une marge appropriée est aussi nécessaire, laquelle entraînera un ressenti positif de votre auditoire. Il faut d'ailleurs sélectionner soigneusement vos informations pour que le texte résumé soit adéquat et susceptible de représenter la pensée ou les points de vue du présentateur.

2. De la quantité à la coordination des jeux de couleurs

Les débutants commettent souvent des erreurs suivantes, l'une est d'utiliser les couleurs sans discernement, ce qui entraîne un ressenti désordonné ou trop tape-à-l'œil; l'autre est de ne pas profiter des couleurs et seuls les lettres en noir sont vus du début jusqu'à la fin. Les deux situations extrêmes ne sont toutes pas correctes. Il peut y avoir plusieurs couleurs, mais elles doivent être coordonnées. Comment atteindre la coordination des jeux de couleurs? Il faut en fait maintenir un contraste important entre la couleur du fond et la couleur des lettres. En règle générale, si le fond est d'une couleur claire et la teinte essentielle en couleur claire, les lettres doivent être en couleur foncée; au contraire, si le fond est d'une couleur foncée et la teinte essentielle transparente ou en couleur claire, les lettres doivent être en couleur claire. Selon nos expériences, les couleurs s'assortissent plus facilement avec un arrière-plan de couleur claire. Une fois la teinte principale déterminée, ajoutez du texte en couleur relativement plus foncée pour mettre en évidence le texte. Ne submergez jamais l'arrière-plan. Il ne faut jamais faire la sauce passer le poisson.

3. De la quantité à la nécessité des animations

Les effets d'animations font la différence principale entre les diaporamas films et les diaporamas multimédias. L'ajout d'animations appropriées et créatives rend sans aucun doute vos diapositives de présentation interactives et attrayantes. Mais il faut aussi savoir que les animations inadéquates ou en nombre excessif sont susceptibles de lasser les gens. Vous devez donc retenir que tous les effets d'animation de la liste ne conviennent pas à votre diaporama.

J'utilise généralement moins de dix animations, l'utilisation d'animations soigneuse permettra de créer une infinité de combinaisons possibles.

4. Trois points clés: moins de mots, moins de formules et la taille de police relativement grande

Ces trois points constituent la base de la conception des diapositives, ils décident non seulement l'apparence de votre diaporama, mais aussi sa convivialité. Il ne faut absolument pas afficher toutes les informations sur les diapositives de présentation auxiliaire, car les gens sont beaucoup plus sensibles aux informations visuelles qu'aux informations auditives, si vous ne limitez pas les informations sur les diapositives, les gens sont susceptibles d'attacher plus d'attention sur la lecture du texte et d'ignorer dans ce cas-là l'explication du présentateur. C'est donc un grand tabou de mettre tous les mots sur les diapositives. Vous pouvez mettre plus d'informations sur les diaporamas destinés à la lecture, mais le texte en plein écran risque de lasser votre auditoire.

Ⅲ. La voie de conception pour un débutant

Tout le monde n'est pas un expert dès le départ, en tant que débutant, comment concevoir un bon diaporama lorsque vous ne maîtrisez pas encore parfaitement la technique? La réponse est de « se tenir sur les épaules des géants ». Le logiciel PowerPoint nous fournit des modes de conception très pratiques, divisé en trois sections: modèle de conception, jeu de couleurs et effets de transitions.

1. Modèles de conception

La section de modèles de conception fournit un grand nombre de modèles que vous allez appliquer dans un diaporama, et les gens sont préoccupés le plus par l'arrière-plan du diaporama. PowerPoint s'est équipé de nombreux modèles, beaucoup d'entre eux sont bien pratiques. Dans la création quotidienne des diaporamas, ces modèles sont déjà bien suffisants pour faciliter votre travail. Pour changer de modèles appliqués, il vous suffit de cliquer sur le modèle correspondant dans la section de modèles de conception. Il est à noter que les modèles ont généralement leurs propres formats spécifiques, tels que les polices et les jeux de couleurs, dans ce cas-là, après avoir changé de modèles, vous devez vérifier attentivement si l'affichage des informations sur les diapositives est correct ou non.

2. Jeux de couleurs

Les jeux de couleurs font référence à la combinaison des couleurs de premier plan, d'arrière-plan, du contenu mis en valeur et du lien hypertexte utilisée dans un diaporama. Les modèles PowerPoint fournissent en général des jeux de couleurs à votre choix après les calculs automatiques. Le plus grand enjeu est la couleur de remplissage, qui détermine par défaut la couleur de remplissage de tous vos graphiques personnalisés. Les créateurs de diaporamas peuvent également modifier les jeux de couleurs, cependant, pour les débutants ou les concepteurs ayant de faibles connaissances artistiques, il est recommandé de ne pas modifier les jeux de couleurs.

3. Effets de transitions

Les transitions de diapositive sont les animations qui s'affichent entre diapositives dans

Microsoft PowerPoint. Les débutants ignorent souvent cette fonctionnalité. En fait, c'est le moyen le plus simple de rendre votre diaporama plus attrayant. Il suffit de sélectionner pour que des effets de transitions avancés, tels que fondu, flottant entrée et ainsi de suite, s'affichent lorsque vous passez d'une diapositive à l'autre pendant une présentation, ce qui permet de rendre votre diaporama plus professionnel. Vous pouvez appliquer un effet de transition à une seule diapositive ou à l'ensemble de votre diaporama, de cette manière, votre présentation sera riche et colorée, l'ajout des effets de transitions convient notamment aux diaporamas utilisés pour présenter un personnage, un produit ou une activité. Par contre, il ne faut pas ajouter trop d'effets de transitions ou des transitions inadéquates, ce qui devient perturbant et engendra un ressenti négatif. Par exemple, si vous placez des effets de transitions fortes comme « Cube », « Galerie » et ainsi de suite, la diapositive serait trop éblouissante; s'il y a des photos de personnes sur la diapositive, il est recommandé de ne pas utiliser des effets de transitions comme « Barres aléatoires » et « Stores » qui donnent aux gens un sentiment de fragmentation.

Il faut tenir compte de deux principes lors du choix des effets de transitions: les effets de transitions doivent avoir un fil logique qui joue le rôle de direction, par exemple, placez un des effets de transitions fortes comme « Cube », « Galerie » et « Portes » vers toutes les diapositives, cela permet d'attirer l'attention de votre auditoire; la conception des effets de transitions adéquate, par exemple, n'appliquez pas d'effets de transitions donnant un sentiment de fragmentation aux images de personnes.

Pour un débutant, sauf les modèles incorporés dans le programme PowerPoint, l'Internet propose un très large choix de modèles de conception PowerPoint, comme sur le site de VIP et le site Web officiel de Microsoft, etc. , vous pouvez toujours apprendre des méthodes et astuces de conception auprès des grands concepteurs ou tirer des inspirations pour accomplir la conception de votre œuvre.

Bibliographie

[1] Bureau de recherche Shi Weiming, 16 leçons pour maîtriser correctement PHOTOSHOP, Beijing, Presse des industries mécaniques, juillet 2010.

[2] Jin Hao etc. , PHOTOSHOP version chinoise: du débutant au maître, Beijing, Presse des industries mécaniques, mai 2012.

[3] Liu Haiying (rédacteur en chef), Cours de traitement audio numérique, Beijing, Presse de l'Uni-versité de Tsinghua, novembre 2020.

[4] Anonyme, Cours d'édition audio GoldWave, [EB/OL](2021-08-06)[2021-12-05]. http://wk. baidu. com/view/e1162c77e73a580216fc700abb68a98270feac53.

[5] Culture Lushan, Montage et production vidéo avec Corel Video Studio X9, Beijing, Presse des industries mécaniques, novembre 2017.

[6] Zhao Zijiang, Cours d'applications de la technologie multimédia, Beijing, Presse des industries mécaniques, février 2010.